JN116845

はじめに

　電車内で見かける広告や街の看板など、10年、20年前と比べると、あらゆるシーンで動画が活用されるようになりました。近年ではスマートフォンが普及したことで、手軽に動画を楽しめるようになったと感じている人もいるのではないでしょうか。動画投稿できるSNSも数多くあり、YouTubeやTikTokなどの動画が人気を集めているのは皆さんもご存じの通りだと思います。

　ところが、これだけ動画が身近なものになっていながらも、動画は専門の技術や機材を持っているプロに作成してもらうもの、というイメージは根強く、皆さんの中にもそうお考えの方がいらっしゃるのではないかと思います。

　しかし、動画をPowerPointで作成できるとしたらどうでしょうか。PowerPointはプレゼンテーションのための資料を作成するソフトですが、実はプレゼンテーション資料を作成する感覚で、かんたんな動画編集をすることができます。
　PowerPointで動画作成を行う方法を本書で学べば、動画作成に対する考え方も、きっと変わるのではないかと思います。

　本書を通じて、特別な知識や技術がなくても動画が作成できるんだと感じていただき、動画作成を楽しいと思っていただければ幸いです。

2022年11月
FOM出版

FOM出版ではPowerPointの基本操作が学習できる書籍もご用意しています。
詳細はFOM出版ホームページをご覧ください。

FOM出版　🔍検索
https://www.fom.fujitsu.com/goods/

◆ Microsoft、Windows、Excel、PowerPointは、米国Microsoft Corporation の米国およびその他の国における登録商標または商標です。
◆ QRコードは、株式会社デンソーウェーブの登録商標です。
◆ その他、記載されている会社および製品などの名称は、各社の登録商標または商標です。
◆ 本文中では、TM や®は省略しています。
◆ 本文中のスクリーンショットは、マイクロソフトの許可を得て使用しています。
◆ 本文およびデータファイルで題材として使用している個人名、団体名、商品名、ロゴ、連絡先、メールアドレス、場所、出来事などは、すべて架空のものです。実在するものとは一切関係ありません。
◆ 本書に掲載されているホームページやサービスは、2022年10月時点のもので、予告なく変更される可能性があります。

★ Contents

目次

3 解説動画を作成してみよう

4 アニメーションを使って動きをつけよう

5 ビデオで動画を華やかにしよう

6 画面の切り替えを使って 動きをつけよう

7 動画ならではの グラフ表現にしてみよう

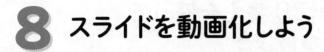

8 スライドを動画化しよう

本書をご利用いただく前に

本書で学習を進める前に、ご一読ください。

1・本書の記述について

本書で説明のために使用している記号には、次のような意味があります。

記述	意味	例
「　」	重要な語句や用語、画面の表示を示します。	「アニメーション」タブ

POINT

スライド、動画を制作する際の注意事項や便利なテクニックについて紹介しています。

⊙ 使用するファイル：

本書で紹介している手順を確認するための練習用のファイルのファイル名です。アニメーション効果などの設定がされていないので、手順に従って実際に操作することができます。

⊙ 作例ファイル：

本書で紹介している題材の作例ファイルのファイル名です。アニメーション効果などがすでに設定されているので、実際の動きやアニメーションの詳細などを確認できます。

2・製品名の記載について

本書では、次の名称を使用しています。

正式名称	本書で使用している名称
Microsoft PowerPoint for Microsoft 365	PowerPoint、パワーポイント、パワポ
Microsoft PowerPoint 2021	PowerPoint、パワーポイント、パワポ
Microsoft PowerPoint 2019	PowerPoint、パワーポイント、パワポ
Windows 11	Windows

3・学習環境について

本書は、インターネットに接続できる環境で学習することを前提にしています。

また、本書の記述は、PowerPoint2019以降の製品に対応していますが、使用する製品やバージョンによって画面構成・アイコンの名称などが異なる場合があります。

本書を開発した環境は、次のとおりです。

OS	Windows 11 Home（バージョン 22H2 ビルド 22621.521）
PowerPoint	Microsoft PowerPoint for Microsoft 365 MSO（バージョン 2209 ビルド 16.0.15629.20152）64ビット

※本書は、2022年10月時点の情報に基づいて解説しています。今後のアップデートによって機能が更新された場合には、本書の記載の通りに操作できなくなる可能性があります。

※PowerPointのバージョンは、「ファイル」タブ→「アカウント」→「PowerPointのバージョン情報」で確認できます。また、Windows 11のバージョンは、■（スタート）（→「すべてのアプリ」）→「設定」→「システム」→「バージョン情報」で確認できます。

4・学習ファイルのダウンロードについて

本書で使用するファイルは、FOM出版のホームページで提供しています。ダウンロードしてご利用ください。

※アドレスを入力するとき、間違いがないか確認してください。

ホームページアドレス
https://www.fom.fujitsu.com/goods/

ホームページ検索用キーワード
FOM出版

ダウンロード

学習ファイルをダウンロードする方法は、次の通りです。

①Webブラウザーを起動し、FOM出版のホームページを表示します（アドレスを直接入力するか、「FOM出版」でホームページを検索します）。
②「ダウンロード」をクリックします。
③「アプリケーション」の「PowerPoint」をクリックします。
④「ここまでできる！パワーポイント動画作成テクニック　FPT2215」をクリックします。
⑤「書籍学習用データ」の「fpt2215.zip」をクリックします。
⑥ダウンロードが完了したら、Webブラウザーを終了します。

※ダウンロードしたファイルは、パソコン内のフォルダ「ダウンロード」に保存されます。

◆ 学習ファイル利用時の注意事項
・ダウンロードした学習ファイルを開く際、そのファイルが安全かどうかを確認するメッセージが表示される場合があります。学習ファイルは安全なので、「編集を有効にする」をクリックして、編集可能な状態にしてください。
・学習データに含まれる画像データおよびビデオデータ、オーディオデータを複製して他のデータに利用したり、抽出してパソコンに保存したりすることは禁止されています。

5・本書の最新情報について

本書に関する最新のQ&A情報や訂正情報、重要なお知らせなどについては、FOM出版のホームページでご確認ください（アドレスを直接入力するか、「FOM出版」でホームページを検索します）。

1

PowerPoint 動画とは?

01 PowerPoint 動画って何?

インターネットの通信技術が向上した現代では、さまざまなシーンで動画を見かける機会が増えています。ビジネスの現場でどのように動画が活用されているのかを見ていきましょう。

ビジネスの場で当たり前になる動画

　人間には誰でも、動くものに反応するという本能が備わっています。本や新聞よりも、ついテレビや動画を見てしまうという方も多いのではないでしょうか。静止画や文字では視覚だけにしか訴えることができません。しかし、動画であれば視覚に加えて聴覚にも訴えることができるため、訴求力は段違いです。

　現在はビジネスの現場でも、より多くの情報を伝えられる動画の活用が当たり前になりつつあります。では、動画活用の事例を見ていきましょう。

▼ 動画を使ったプレゼンテーション

　ミーティングの冒頭にプロジェクトの紹介動画を流したり、イベントの休憩時間に商品やサービスの紹介動画を使ったりなど、動画を使ったプレゼンテーションの機会が増えています。

⌄ YouTube

▲富士通株式会社の公式YouTubeチャンネル

https://www.youtube.com/c/FujitsuOfficial_Japan/

　2020年以降、動画投稿サービス「YouTube」を利用する人が激増しています。企業のマーケティングにおいてもYouTubeの活用が注目されており、チャンネルにPR動画を投稿したり動画広告を打ったりして、自社の商品・サービスをアピールしています。

⌄ オンライン授業

　多くの学校では、オンライン授業の取り組みが行われています。対面授業のように教員とのコミュニケーションが取れるライブ配信方式や、いつでも好きなときに録画された授業を視聴できるオンデマンド配信方式など、さまざまなオンライン授業が実施されています。また、時間や場所にとらわれずに質の高い授業を受講できることから、近年は社会人を対象としたオンライン学習サービスの人気も高まっています。

PowerPoint で動画を作成するメリット

　動画を作成するには、動画編集が可能なソフトの導入が必要となります。しかし、動画編集ソフトの使い方をいちから習得しようとすると、とても時間がかかります。また、ある程度知識がないと難しいため、挫折してしまう人が少なくありません。そこで、自分で作成するのは難しそう……と感じた方におすすめの動画制作ツールが「PowerPoint」です。実は、プレゼンテーションソフトのPowerPoint（パワーポイント、パワポ）はスライドを作成するだけではなく、作成したスライドを動画として出力することも可能です。PowerPointで動画を作成するとどのようなメリットがあるのか見ていきましょう。

ソフト名	Premiere Pro	Final Cut Pro	DaVinci Resolve	Filmora
メーカー	Adobe	Apple	Blackmagic Design	Wondershare
価格	月額2,728円〜	36,800円	無料	年額6,980円〜
OS	Windows macOS	macOS	Windows macOS CentOS	Windows macOS

▲主な動画編集ソフト

⌄ メリット①：高額な編集ソフトを購入する必要がない

　動画編集ソフトの多くは高額な初期費用がかかりますが、PowerPointであれば初期費用がほとんどかかりません。家電量販店などでパソコンを購入すると、「Office Home & Business 2021」や「Office Home & Business 2019」がプリインストールされている場合があります。Office Home & BusinessにはPowerPointも含まれているため、動画編集のためにソフトを追加購入しないで済みます。また、PowerPointがインストールされていなくても、「Microsoft 365」というサブスクリプションに加入すれば、WordやExcelを含めて月額1,284円で利用できるようになります。

▲Microsoft 365

https://www.microsoft.com/ja-jp/microsoft-365

メリット②：初心者でもかんたんに動画を制作できる

　動画編集ソフトを使うのは、初心者にとって非常に難易度が高いです。まったくの初心者がかんたんな動画を作成できるようになるまで、約1ヶ月〜3ヶ月程度かかるといわれています。その点、PowerPointであれば初心者でもかんたんに動画を制作できます。時間をかけて勉強しなくても、スライドを作成する感覚で手軽に動画を制作できるのも魅力です。

メリット③：本格的なソフトに劣らないアニメーション機能

　PowerPointには、テキスト・画像・図表など、あらゆるオブジェクトにアニメーション効果をつけられる「アニメーション」機能が用意されています。効果的に活用することで、伝えたいことを強調できます。自分の好きなタイミングでアニメーション効果を設定できるので、どのように動かしたいのかを決めておくことが大切です。

メリット④：動作が軽い

　動画編集ソフトを使用するためには、高性能なパソコンが必要になります。しかし、PowerPointであればアニメーションを多用しても動画編集ソフトほど重くなることはなく、快適に作業できます。

02 PowerPoint で どんな動画が作成できる?

PowerPoint を使えば、本格的なオートデモ動画や解説動画を作成することも難しくありません。ここでは、本書で作成する PowerPoint 動画の一例を紹介します。

オートデモ動画

　商品やサービスなどの紹介を繰り返し再生するタイプの動画をオートデモ動画と呼びます。雑踏など音が伝わりにくい環境でも情報を伝えられるよう、音がついていないものも多いです。また、主にスライドショー形式が採用されるため、初心者が最初に取り組むのにピッタリのテーマです。
　オートデモ動画の作成方法は、第2章で詳しく解説します。

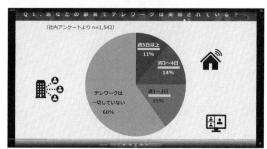

解説動画

　eラーニングサービスやYouTubeでは、特定のテーマを解説する「解説動画」が人気を集めています。解説動画は音やアニメーション効果を多用しており、さらに字幕やワイプなどといった、さまざまなテクニックが活用されています。オートデモ動画と比較すると長尺なため、情報をわかりやすく伝えるための構成も重要です。解説動画の作成方法は、第3章で詳しく解説します。

Section ☆ 03 PowerPoint 動画を作成するには何が必要?

動画制作を始めたいけれど、PowerPoint 以外に何が必要かわからない方も多いのではないでしょうか。作成する動画の種類によって、写真・イラスト・音楽といった素材を用意しましょう。

カメラ・マイク

▽ カメラ

　小窓でプレゼンターや解説者の顔を入れるワイプ映像を撮影したいのであれば、カメラが内蔵されているノートパソコンだけで撮影を完結できます。また、カメラが内蔵されていないデスクトップパソコンでも、Webカメラを接続すれば、かんたんに撮影できます。

　また、ビデオカメラなどがあれば、写真素材や動画素材を自分で撮影できます。画質にこだわるなら断然ビデオカメラやデジタルカメラがおすすめですが、近年はスマホのカメラ性能も向上しています。個人の趣味で動画を制作するのであれば、スマホで十分でしょう。なお、自分で撮影したものであれば著作権を気にする必要はありませんが、人物を撮影した場合、本人の承諾なしに第三者を写真・動画撮影すると肖像権の侵害に当たる恐れがあるので、注意が必要です。

◀カメラが内蔵されたノートパソコン
LIFEBOOK UHシリーズ

▽ マイク

　マイクがあれば、ナレーションやインタビュー音声などを録音して動画の音声素材として活用できます。カメラにも内蔵マイクが搭載されていますが、雑音が入りやすく声をしっかり拾うのも難しいことがあります。高音質で、よりクリアな音声素材を作成したいなら、マイクがあるとよいでしょう。屋内で録音する場合は据え置きのマイク、屋外で録音する場合は携帯性の高いピンマイクやガンマイクがおすすめです。

写真・イラスト・音楽素材

　動画の目的に応じて、素材が必要な場合は事前準備をしておきましょう。素材は自分で撮影したものや録音したものの他に、インターネットで配布されている素材をダウンロードして利用することも可能です。配布されている素材を利用する際は、著作権に配慮してください。

⊙ 写真

　写真は、何かを説明したり解説したりするときにテキストや音声と併用すると大きな視覚効果が期待できます。スマホやデジタルカメラがあれば自分でも用意できます。また、PowerPointにも、インターネットの画像を検索して挿入できる機能が用意されています。素材の探し方は、33ページを参照してください。

⊙ イラスト

　イラストも写真と同じく、テキストや音声と併用すると大きな視覚効果が期待できます。写真は現実の物や風景を表現したい場合に便利ですが、イラストは現実では不可能な表現も可能なので、使い分けるとよいでしょう。ひとえにイラストといってもたくさんのテイストがあるため、動画のテーマに合わせたイラストを選択することが大切です。イラスト素材の探し方は、33ページを参照してください。

⊙ 音楽

　音楽には、大きく分けてBGMと効果音の2種類があります。音楽素材は、動画のイメージを左右するので、適切なシーンに適切な音楽を使うことで、視聴者の感情に訴えかけることができるでしょう。音楽素材の探し方は、35ページを参照してください。

POINT 素材の著作権に注意しよう

写真・イラスト・音楽などの各種素材は、インターネット上を探せばかんたんに見つけることができますが、これらの素材には必ず著作権が存在します。社内で使うものであっても、許可なく利用すると著作権侵害に問われる恐れがあるので注意しましょう。自分で素材を制作するのが難しい場合は、商用利用可能な素材やパブリックドメインの素材を提供しているサイトを使うようにし、利用規約を守りましょう。

04 PowerPoint 動画は この流れで作成しよう

PowerPoint 動画制作には、大きく分けて「目的の明確化」「動画の構成・絵コンテ制作」「スライド作成」「動画のエクスポート」の 4 つの工程があります。制作の流れを押さえておけば、動画制作の効率がよくなります。

目的の明確化

　まずは、どの層をターゲットに何のために動画を見てもらいたいか、目的を明確することが大切です。目的によって動画の構成や内容は全く異なります。目的を明確にしないまま単に動画を作成するだけではターゲットには響かないでしょう。

目的	ターゲット	動画の種類
商品やサービスの認知	一般層	PR動画 動画広告 オートデモ動画
知識や経験を周知させたい	一般層	解説動画 HOWTO動画
業務マニュアルの共有 社員に知識を体得させたい	自社社員	マニュアル動画 研修動画 セミナー動画
コンペでの勝利	クライアント	プレゼンテーション動画

▲目的に合わせた動画種類の例

動画の構成・絵コンテ制作

　ターゲットと目的を明確にしたら、全体の概要をつかむために、かんたんな絵コンテを作成してみましょう。絵コンテとは、全体の流れを絵と文字を使って表現したもののことです。絵コンテを作成しておけば、全体の構成を俯瞰でき、あとで大きな変更が入らないよう、関係者と流れを確認する際にも役立ちます。各スライドで何を伝えたいのかを整理し、1スライド＝1メッセージのイメージで組み立ててみましょう。絵コンテのスライドイメージに細かさは必要ありません。大雑把に手書きしたものや、イメージに近いフリー素材の組み合わせでも十分です。絵コンテの段階で入れたいアニメーションを考え、種類を絞り込んでおくとスライド作成がスムーズです。

NO.	PICTURE	ACTION	TIME
1	PC タイトル	タイトル「テレワークへの取り組みに関するアンケート」	00:00 00:05
2	Q1 タイトル	章タイトル「Q1　あなたの部署でテレワークは実施されている?」	00:05 00:10
3	円グラフ	・テレワーク実施状況の円グラフを表示 ・実施しているの回答を強調	00:10 00:15

▲絵コンテの例

スライド作成

　まずは絵コンテを参考に、テキストや画像を配置していきましょう。YouTube投稿をする場合は、スライドの大きさを推奨アスペクト比の「ワイド画面（16：9）」にしておくことをおすすめします。ポイントは、1シーンに文字や図表を盛り込みすぎないことです。スライド1枚につき5秒程度で理解できる文字量と情報量を目安に考えていきましょう。

◯①スライドにテキストや画像を配置する

　上のスライドのように、メッセージだけではシンプルになりがちなスライドには、画像やアイコンを入れると華やぎます。

②アニメーションや画面切り替えの効果をつける

　スライドに配置したオブジェクトには、アニメーション効果を設定して、移動させたり、色やサイズを変更させたりすることができます。アニメーション効果を適用したら、プレビューやスライドショーなどを使って確認してみましょう。

　また、スライドとスライドの切り替え時の動きとして画面切り替え効果を設定すると、文字や図形を変形させることもできます。

　アニメーションや画面切り替えは、動画を通して規則性をつけると全体がまとまります。

③スライドに音楽を挿入する

　画像やアイコンなどを配置したら、音楽を挿入します。なお、PowerPointで動画を制作する場合、基本的にBGMはバックグラウンド再生に変更しておく必要があります。

動画のエクスポート

　スライドの作成が完了したら、最後にPowerPointの「エクスポート」機能から動画化します。ファイルサイズや所要時間などを設定して「🔲ビデオの作成」をクリックし、ファイル形式を選択すると出力が開始されます。

　指定した場所に動画ファイルが出力されたら、再生して確認してみましょう。

どのオブジェクトのアニメーションか わからなくなっちゃう…！

オブジェクトの名前を変更する

　PowerPointでオブジェクトにつけたアニメーションは、「アニメーションウィンドウ」から一括で確認することができます。しかし、デフォルトの状態では「テキストボックス 1」「正方形/長方形 2」などといった名前が割り振られているため、管理が難しくなります。オブジェクトの名前は、ひと手間かけて自分がわかりやすいものに変更するとよいでしょう。

1 ● 「選択」ウィンドウを表示する

「ホーム」タブで「編集」グループの「選択」をクリックし、「オブジェクトの選択と表示」を選択します。

2 ● オブジェクトの名前を変更する

　画面右側の選択ウィンドウには、そのスライドに含まれるオブジェクトが重ね順に表示されており、下にいけばいくほど背面のオブジェクトになります。名前を変更したいオブジェクトを選択ウィンドウで選択し、もう一度名前部分をクリックすると新しい名前を入力できます。なお、右側の目のアイコンをクリックするとオブジェクトの表示と非表示の切り替えが可能です。

2

オートデモ動画を
作成してみよう

05 作例オートデモ動画の スライドを紹介!

PowerPoint 動画初心者が最初に取り組むのにおすすめのテーマが、「オートデモ動画」です。
ここでは、オートデモ動画とは何か、スライド数の目安などを作例から見ていきましょう。

オートデモ動画とは?

　デモ動画とは、デモンストレーション動画のことです。映像を通じて商品やサービスをターゲット
にアピールし、認知度向上や販売促進を目的としています。

　第2章で制作するオートデモ動画は、このデモ動画が終了すると自動的に最初に戻る繰り返しの動画
コンテンツです。ホームページで使用しているイメージムービーや店頭で流れるデジタルサイネージ
(電子看板)など、近年ではさまざまなシーンでオートデモ動画が活用されています。

▲デモ動画の活用例
左:イメージムービー　右:デジタルサイネージ

　オートデモ動画は、場面を次々切り替えて表示するスライドショーのような形式が取られることも
あり、スライド作成に特化したPowerPointはまさにうってつけです。例えば、商品のPR用のオートデ
モ動画を作成したい場合であれば、これまで業務で作成してきたプレゼンテーション用のスライドを
動画の素材に活かすこともできます。企業にとって、広告媒体に動画を利用することは今や一般的で
すが、編集に時間を取られてしまい、スピーディーな配信ができない場合もあるでしょう。しかし、
PowerPointであれば、スライドを作成して微調整するだけでかんたんにすばやく見栄えのする動画が
作成できます。これまで動画制作をしたことのない人がチャレンジするのにぴったりなコンテンツだ
といえるでしょう。

オートデモ動画のスライド数の目安

PowerPointで作成する動画は、スライド数でだいたいの動画の長さが決定します。まずは、何分くらいの動画にするか考えておくとよいでしょう。動画の最適な長さはメディアによって異なります。一般的にYouTubeなどの動画投稿サイトでは3分以内、TwitterやInstagramのようなSNSであれば30秒～1分程度の動画が好まれる傾向です。オートデモ動画の場合は、できるだけ簡潔にまとめることが重要なので、紹介する内容にもよりますが長くても1分30秒～2分程度がおすすめです。PowerPointのデフォルト設定では、ビデオ作成時に1スライドにつき5秒の所要時間が設定されています。つまり、1分30秒のオートデモ動画の場合なら、単純計算で90秒÷5秒＝18スライド、目的にもよりますが、長くても20スライド前後が目安です。とくに見てほしいスライドの表示時間を長めにしたり、文字数や適用するアニメーションに応じてスライドの枚数を増やしたりするとスライドの所要時間も変わるので適宜調整しましょう。

また、オートデモ動画を雑踏や街頭などで流したい場合は、どのような環境でも視聴できるようにテロップ（文字）を入れるとよいでしょう。（テロップの入れ方は第3章を参照）。映像業界では、人間が1秒あたりに認識できる文字数は日本語4文字、アルファベット12文字がセオリーとされています。つまり、5秒間表示するスライドなら20文字以内が目安です。文字数が多くなりそうならスライドをもう1枚作成してテキストを分割すると見やすいです。

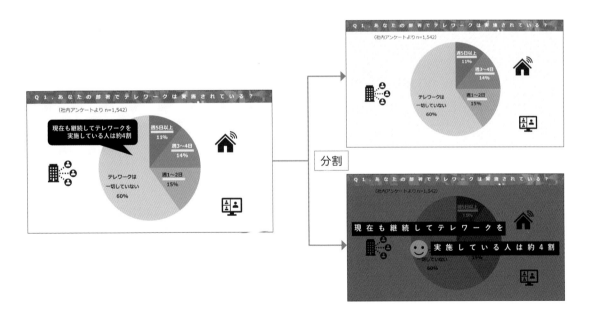

強調したいときや場面変換をわかりやすくしたいときには、アニメーションや画面切り替えを活用すると大変効果的です。動画らしく多くのアニメーション効果を付けることで華やかになりますが、全体のバランスを考慮して統一感をもたせることも大切になってきます。

作例スライド紹介

　Sec.6からは練習用のファイル（2-6-20.pptx）を使用し、アニメーションのつけ方や画面切り替えの適用方法を解説します。まずは作例ファイル（2章作例.pptx）でスライドショーを実行し、全体の流れを把握しておきましょう。各スライドの詳細は下記でも紹介していますが、「選択」ウィンドウ（22ページ参照）で各スライドに含まれるオブジェクト、「アニメーション」タブと「アニメーションウィンドウ」（36ページ参照）でオブジェクトに適用するアニメーション、「画面切り替え」タブで適用する画面切り替え効果を確認できます。

⌄ 0枚目：タイトル

◀ 画面切り替え：□なし

▷ 再生（メディア）

★ フェード（開始）

★ ワイプ（開始）

動画再生と同時にBGMが流れ始めます。

⌄ 1、6、10枚目：章タイトル（アンケート質問）

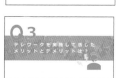

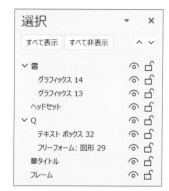

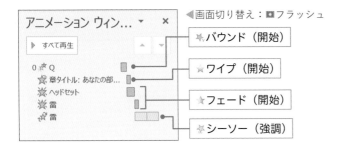

◀ 画面切り替え：🖼 フラッシュ

- ✨ バウンド（開始）
- ⭐ ワイプ（開始）
- ⭐ フェード（開始）
- ✨ シーソー（強調）

白い画面から徐々に次のスライドが表示される「🖼 フラッシュ」で画面が切り替わります。Qの文字が左上から「✨ バウンド（開始）」して現れ、最後に雷のアイコンがゆらゆらする演出です。

⌄ 2、4枚目：円グラフ1（Q1回答）

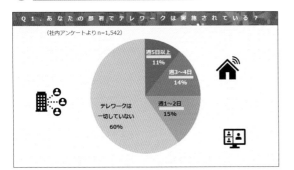

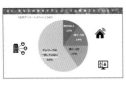

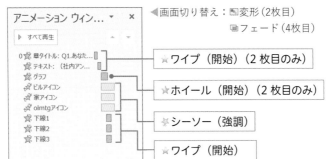

◀ 画面切り替え：🖼 変形（2枚目）
　　　　　　　　 🖼 フェード（4枚目）

- ⭐ ワイプ（開始）（2枚目のみ）
- ⭐ ホイール（開始）（2枚目のみ）
- ✨ シーソー（強調）
- ⭐ ワイプ（開始）

2枚目のスライドは始めに画面切り替え「🖼 変形」によって章タイトルが上部に移動し、円グラフが「✨ ホイール（開始）」で時計回りに表示されます。共通の演出として、アイコンの揺れと回答の説明スライドにつながる下線が表示されます。

⌄ 3、5枚目：円グラフ1（Q1回答の説明）

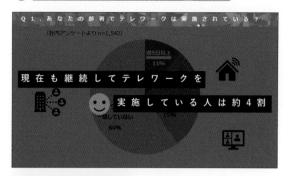

▼画面切り替え：🎞フェード

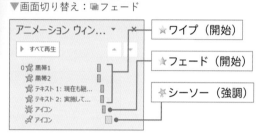

★ワイプ（開始）

★フェード（開始）

★シーソー（強調）

直前のスライドをコピーし、透明度を調整した黒の長方形を重ねることで画面が暗転したような効果を出しています（前のスライドのアニメーションは削除）。表やグラフに説明を加えたいときに効果的な方法です。

⌄ 7、8枚目：横棒グラフ（Q2回答）

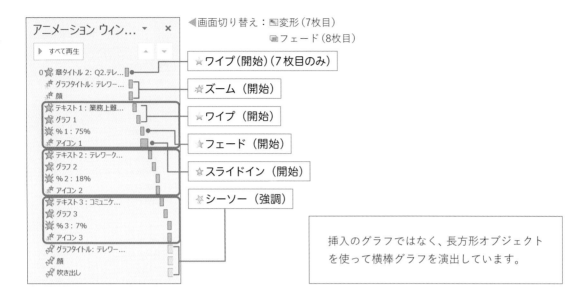

◀画面切り替え：🖼変形（7枚目）
🖼フェード（8枚目）

☆ワイプ（開始）（7枚目のみ）

☆ズーム（開始）

☆ワイプ（開始）

☆フェード（開始）

☆スライドイン（開始）

☆シーソー（強調）

挿入のグラフではなく、長方形オブジェクトを使って横棒グラフを演出しています。

9枚目：Q2 回答のまとめ

◀画面切り替え：🖼フェード

☆ターン（開始）

☆フェード（開始）

☆ワイプ（開始）

☆シーソー（強調）

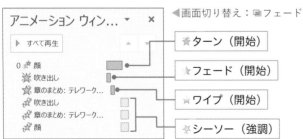

POINT 画面切り替えのルール

画面切り替えはルールを決めると、場面がわかりやすくなります。作例では、章の切り替わりに「🔲フラッシュ」、章タイトルからの切り替わりと 15 枚目以降の同じ要素があるスライドの切り替わりに「🖼変形」、その他に「🖼フェード」を設定しています。

⌄ 11、12、13 枚目：レーダーチャート（Q3 疑問提起＋回答）

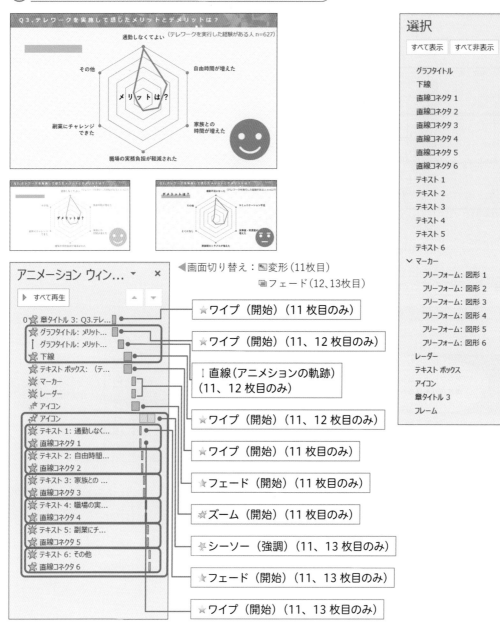

◀ 画面切り替え：■変形（11枚目）
■フェード（12、13枚目）

☆ワイプ（開始）（11 枚目のみ）

☆ワイプ（開始）（11、12 枚目のみ）

I 直線（アニメションの軌跡）（11、12 枚目のみ）

☆ワイプ（開始）（11、12 枚目のみ）

☆ワイプ（開始）（11 枚目のみ）

☆フェード（開始）（11 枚目のみ）

☆ズーム（開始）（11 枚目のみ）

☆シーソー（強調）（11、13 枚目のみ）

☆フェード（開始）（11、13 枚目のみ）

☆ワイプ（開始）（11、13 枚目のみ）

始めに疑問が画面中央に表示され、疑問が「直線」の効果で左上に移動します。レーダーは六角形オブジェクトや事前に準備しておいた画像を使用し、選択肢の表示に合わせてグラフ線（線オブジェクト）が「☆ワイプ（開始）」で表示されるよう演出しています。12枚目のスライドには上記のオブジェクトに加え、透明度を調整した白の長方形を重ねて次の疑問のテキストを見やすくしています。

⌄ 14枚目：円グラフ2（Q3疑問提起＋回答）

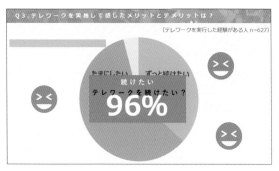

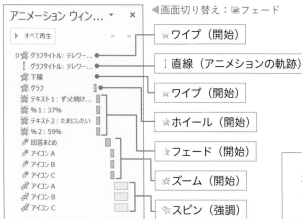

◀画面切り替え：▦フェード

- ☀ワイプ（開始）
- |直線（アニメーションの軌跡）
- ☀ワイプ（開始）
- ☀ホイール（開始）
- ☀フェード（開始）
- ☆ズーム（開始）
- ☆スピン（強調）

最後にここでの回答のまとめを「☆ズーム（開始）」で大きく表示しました。

⌄ 15枚目：アンケートのお礼

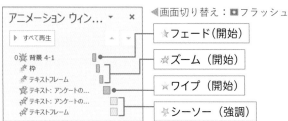

◀画面切り替え：▦フラッシュ

- ☀フェード（開始）
- ☆ズーム（開始）
- ☀ワイプ（開始）
- ☆シーソー（強調）

16枚目：サービス紹介1

◀画面切り替え：🖼変形

- ☆ワイプ（開始）
- ☆ズーム（開始）
- ☆シーソー（強調）

15枚目のスライドの枠線を共通部分にして画面切り替え「🖼変形」を適用しています。

17、18枚目：サービス紹介2、3

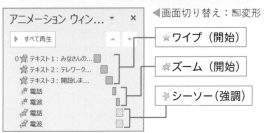

▼画面切り替え：🖼フェード(17枚目)
　　　　　　　🖼変形(18枚目)

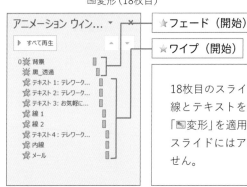

- ☆フェード（開始）
- ☆ワイプ（開始）

18枚目のスライドには、17枚目のスライドの線とテキストを共通部分にして画面切り替え「🖼変形」を適用しています。また、18枚目のスライドにはアニメーションを設定していません。

素材はどうやって探す？

　動画に使用する素材を一から準備するのは、時間やお金がかかるので大変です。そこでおすすめなのが、「素材サイト」です。ここでは、商用利用可能なおすすめの素材サイトをジャンル別に解説します。

写真・イラスト・動画

● Pixta

◀https://pixta.jp/
価格：550円〜

　7,580万点以上の高品質の写真素材が公開されている素材サイトです。日本人の写真が数多く投稿されています。素材はサイズなどによって1点の価格が異なり、月にダウンロードできる点数が決められているサブスクリプションも用意されています。

● Pixabay

◀https://pixabay.com/ja/
価格：無料

　クリエイターが制作した2,600万点以上のハイクオリティな素材が公開されているWebサイトです。写真・イラスト・動画など、幅広いジャンルの素材をすべて無料で使用できます。海外のサイトですが、日本語に対応しているので問題なく利用できるでしょう。

スライドデザイン

• Envato Market

◀ https://elements.envato.com/
価格：月額16.50ドル〜

　PowerPointのテンプレートをはじめ、画像や音楽など6,000万点以上の素材を無制限でダウンロードできます。月額16.50ドル〜のサブスクリプション方式となっており、7日間のトライアル期間も用意されています。

• Creative MARKET

◀ https://creativemarket.com/
価格：テンプレートによって異なる

　現代風のおしゃれなテンプレートがダウンロードできるサイトです。単品購入もできますが、月額25ドル〜のサブスクリプションプランも用意されています。

• PresenterMedia

◀ https://www.presentermedia.com/
価格：月額39.95ドル〜

　アニメーションなどがすでに適用されているテンプレートがダウンロードできます。テンプレートの動きは動画で確認することもできるので、アイデア探しにも最適です。

音楽

● 甘茶の音楽工房

◁ https://amachamusic.chagasi.com/
価格：無料
クレジット表記：必須ではない

　Webサイトの管理人が制作した500点以上の音楽素材が公開されている有名音楽素材サイトです。商用・非商用問わず無料で利用できます。クレジット表記は必須ではありませんが、YouTubeに投稿する場合は著作権警告が出ないようコンテンツIDへの登録はしないよう注意しましょう。

● YouTube オーディオライブラリ

◁ https://www.youtube.com/audiolibrary/music
価格：無料
商用利用：YouTubeに投稿する場合のみ可能
クレジット表記：基本的には不要
（※一部クレジット表記が必要）

　YouTube公式の音楽素材サイトです。YouTubeで公開する作品の場合は無料で利用でき、収益化したチャンネルの動画にも使えます。

● DOVA-SYNDROME

◁ https://dova-s.jp/
価格：無料
クレジット表記：不要

　BGMやSEをダウンロードできる音楽素材サイトです。音楽素材をタグで検索することや歌入りの曲を探すこともできます。

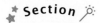

 図形をゆっくり表示させよう

一通りスライドを作成できたら、アニメーション効果を付けていきましょう。ここでは、アニメーション効果の中でもとくに使用頻度が高い「フェード（開始）」を設定する手順を解説します。

▽ 使用するファイル：2-6-20.pptx ▽ 作例ファイル：2章作例.pptx

フェード（開始）を設定する

「★フェード（開始）」とは、最初は非表示だったオブジェクトをゆっくりと表示していくアニメーション効果です。決して派手ではありませんが、悪目立ちしないので動画に馴染んでくれます。目立たせたたくはないけれど何かアニメーションをつけたいときに重宝します。

(1) 「アニメーション」タブに切り替える

「アニメーション」タブをクリックし、アニメーションをつける準備をします。

(2) 「★フェード（開始）」を適用する

フェードを設定したいオブジェクトをクリックして選択し、アニメーションの一覧から、「★フェード（開始）」をクリックします。

POINT 「アニメーションウィンドウ」を表示しておこう

動画制作では、多くのアニメーション効果を使うことになります。「アニメーション」タブの「⊨アニメーションウィンドウ」をクリックして、設定したアニメーションを管理できるようにしておくのがおすすめです。「アニメーションウィンドウ」には、スライドに設定したアニメーション効果が一覧で表示されます。アニメーションの順序や継続時間、適用するタイミングを変更したいときなどに便利です。

③ タイミングを調整する

「アニメーション」タブで「▷開始」と「⏱継続時間」、必要に応じて「⏱遅延」を調整していきます。いくつかのアニメーションを設定した後に再度調整すると、アニメーション同士のつながりがきれいになります。

A ▷開始

デフォルトでは「クリック時」に設定されています。「クリック時」が設定されていると、アニメーションを開始するのに都度マウスのクリック操作をしなければなりません。動画というコンテンツにおいてこの設定は相応しくないため、アニメーションを順番がきたら自動再生できる「直前の動作と同時」か「直前の動作の後」に変更しましょう。

B ⏱継続時間

アニメーションの長さを設定します。「★フェード（開始）」の場合は、オブジェクトが完全に表示されるまでの長さです。デフォルトでは「00.50」（0.5秒）に設定されています。

C ⏱遅延

開始を「直前の動作と同時」にしたオブジェクトの中で、少しだけ開始のタイミングを遅らせたいものがあるときや、「直前の動作の後」より少し時間を空けてアニメーションさせたいものがあるときに設定します。

 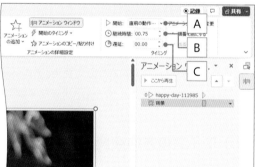

「★フェード（開始）」を使用するスライド

0枚目（背景）、1枚目（ヘッドセット、雷）、3枚目（アイコン）、5枚目（アイコン）、6枚目（ヘッドセット、雷）、7枚目（%1、%2、%3）、8枚目（%1、%2）、9枚目（吹き出し）、10枚目（ヘッドセット、雷）、11枚目（マーカー、レーダー、テキスト1、テキスト2、テキスト3、テキスト4、テキスト5、テキスト6）、13枚目（テキスト1、テキスト2、テキスト3、テキスト4、テキスト5、テキスト6）、14枚目（テキスト1、%1、テキスト2、%2）、15枚目（背景4-1）、17枚目（背景、黒_透過）

Section 07 図形を左から右に表示させよう

「ワイプ（開始）」は、オブジェクトを指定した方向から出現させ、表示していくアニメーションです。フェードと同じくらい使用頻度が高いアニメーション効果なので、表現や設定手順をマスターしましょう。

使用するファイル：2-6-20.pptx   作例ファイル：2章作例.pptx

ワイプ（開始）を設定する

「★ワイプ（開始）」とは、オブジェクトを指定した方向からゆっくりと表示していくアニメーションです。オブジェクトを左から右へ順に表示したり、上から下へ順に表示したりなど指定できます。アニメーション効果の中では地味な部類ですが、フェードと同じく悪目立ちしないので大変使い勝手がよいです。

① 「★ワイプ（開始）」を適用する

「アニメーション」タブに切り替え、アニメーションつけるオブジェクトを選択します。「アニメーション」グループの一覧から、「★ワイプ（開始）」をクリックします。

② ワイプの方向を変更する

オブジェクトにワイプが適用されましたが、デフォルトでは下から上に向かって表示される「↑下から」に設定されています。ここでは左から右に向かって表示される動きに変更したいので、「☆効果のオプション」をクリックし、「→左から」をクリックします。

③「▷開始」と「⏱継続時間」を調整する

開始のタイミングと継続時間などを調整し、「☆プレビュー」をクリックしてアニメーションを確認しましょう。0枚目のスライドのタイトルの場合は、「▷開始」を「直前の動作の後」、「⏱継続時間」を1秒にしています。

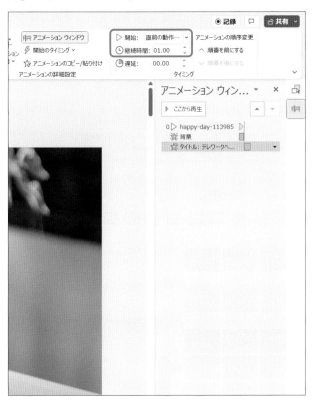

「☆ワイプ（開始）」を使用するスライド

0枚目（タイトル、テレワークサポート、帯）、1枚目（章タイトル）、2枚目（章タイトル、下線1、下線2、下線3）、3枚目（黒帯1、黒帯2、テキスト1、テキスト2）、4枚目（下線1、下線2、下線3）、5枚目（黒帯1、黒帯2、テキスト1、テキスト2）、6枚目（章タイトル）、7枚目（章タイトル、テキスト1、グラフ1、テキスト2、グラフ2、テキスト3、グラフ3）、8枚目（テキスト1、グラフ1、テキスト2、グラフ2）、9枚目（章のまとめ）、10枚目（章タイトル）、11枚目（章タイトル、グラフタイトル、下線、テキストボックス、直線コネクタ1、直線コネクタ2、直線コネクタ3、直線コネクタ4、直線コネクタ5、直線コネクタ6）、12枚目（グラフタイトル、下線）13枚目（直線コネクタ1、直線コネクタ2、直線コネクタ3、直線コネクタ4、直線コネクタ5、直線コネクタ6）、14枚目（グラフタイトル、下線）、15枚目（テキスト）、16枚目（テキスト1、テキスト2、テキスト3）、17枚目（テキスト1、テキスト2、テキスト3、線1、線2、テキスト4、内線、メール）

COLUMN

素材画像の色合いを変えると統一感が出る！

　PowerPointには、画像の色を変更できる機能が用意されています。全体を通して同じ画像を使いたいけど場面ごとに色は変えたい、という場合などにおすすめです。ここでは、画像の色を変える2通りの方法を紹介します。

「図の形式」タブで色を変更する

　1つ目はPowerPointの機能を使う方法です。色を変更したいオブジェクトを選択し、「図の形式」タブをクリックして、「色」からトーンなどを選択します。

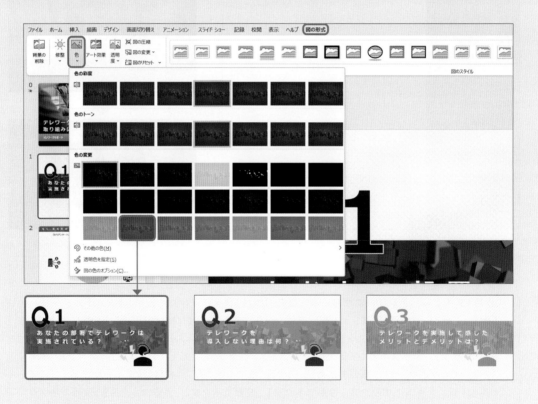

　一覧にない色に変更したいときは「その他の色」→「その他の色」を選択すると、RGBやHSLを指定することも可能です。繊細な色の設定は難しいですが、例えばモノクロ画像などはとてもかんたんに作成できます。

透過した色のオブジェクトを重ねる

　2つ目は透明度を上げた色のオブジェクトを重ねる方法です。下図のように透明度を上げた長方形をもとの画像に重ねることでも色合いを変えることができます。

　画像を右クリックし、「　図形の書式設定」をクリックすると、画面右側に「図形の書式設定」ウィンドウが表示されます。「図形のオプション」の　（塗りつぶしと線）で「塗りつぶし（単色）」を選択し、「透明度」のスライダーを動かしたり直接数値を入力したりして透明度を調整します。

● 色合いの変更サンプル

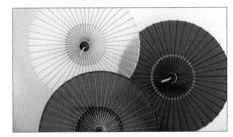

▲もとの画像

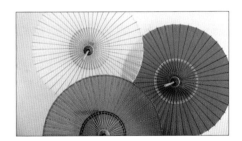

▲「図形の書式」でモノクロ化

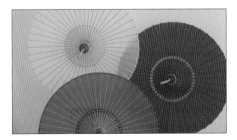

▲透明度60%の青い長方形

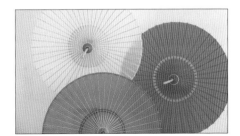

▲透明度60%の黄色い長方形

図形を弾ませながら表示させよう

オブジェクトが目立つ登場の仕方をすると、特別感が出て動画のアクセントになります。変わった出現方法を演出できるアニメーションの１つが、「バウンド（開始）」です。

▼ 使用するファイル：2-6-20.pptx   ▼ 作例ファイル：2章作例.pptx

バウンド（開始）を設定する

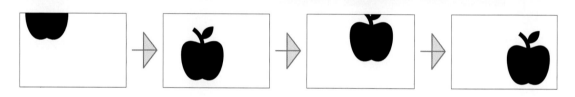

「★バウンド（開始）」は、オブジェクトがスーパーボールのように弾みながら登場するアニメーションです。

① 「★バウンド（開始）」を適用する

「アニメーション」タブをクリックし、アニメーションの一覧の右側にある▽をクリックします。一覧から「★バウンド（開始）」をクリックして適用します。タイミングなどを調整し、「☆プレビュー」をクリックしてアニメーションを確認しましょう。

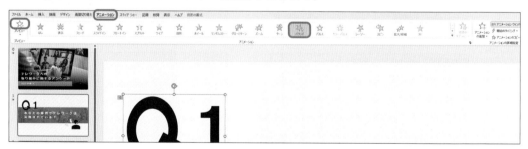

「★バウンド（開始）」を使用するスライド

1枚目（Q）、6枚目（Q）、10枚目（Q）

---

09 アニメーションを組み合わせよう

オブジェクトには、複数のアニメーションを組み合わせて、より複雑な動きをさせることができます。ここでは、「フェード（開始）」とオブジェクトが左右にゆらゆらと揺れて目を引く「シーソー（強調)」を組み合わせます。

使用するファイル：2-6-20.pptx　　作例ファイル：2章作例.pptx

複数のアニメーションを組み合わせる

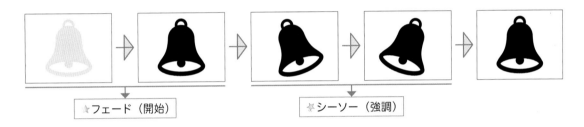

☆フェード（開始）　　　☆シーソー（強調）

　スライドに配置したオブジェクトには、複数のアニメーションを設定することもできます。より複雑な動きをさせることで、オブジェクトへの注目度が向上します。なお、組み合わせたアニメーションは連続して再生できるだけでなく、順番を変えて再生するタイミングをずらすこともできます。

① 「☆フェード（開始）」を適用する

Sec.6を参考にしてオブジェクトに「☆フェード（開始）」を適用します。

② 「☆シーソー（強調)」を追加する

フェード（開始）を適用したオブジェクトを選択した状態で、「アニメーション」タブの「☆アニメーションの追加」をクリックし、一覧から追加したいアニメーション（ここでは「☆シーソー（強調)」）をクリックします。

③ 「▷開始」や「⏱継続時間」を調整する

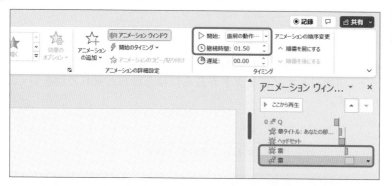

「▷開始」や「⏱継続時間」などを調整し、「☆プレビュー」でアニメーションを確認しましょう。

POINT アニメーションの順序を変更するには

アニメーション設定後に再生順を変更したい場合は、アニメーションを適用したオブジェクトを選択した状態で、「アニメーション」タブの「アニメーションの順序変更」から、「順番を前にする」または「順番を後にする」をクリックします。「アニメーションウィンドウ」で再生順を変更したいアニメーションをドラッグする方法もあります。なお、「アニメーションウィンドウ」で複数のアニメーションを選択すると、まとめて変更することも可能です。

アニメーションの組み合わせを行うスライド

1枚目（雷）☆フェード（開始）＋☆シーソー（強調）、3枚目（アイコン）☆フェード（開始）＋☆シーソー（強調）、5枚目（アイコン）☆フェード（開始）＋☆シーソー（強調）、6枚目（雷）☆フェード（開始）＋☆シーソー（強調）、7枚目（グラフタイトル、顔）☆ズーム（開始）＋☆シーソー（強調）、8枚目（グラフタイトル、顔）☆ズーム（開始）＋☆シーソー（強調）、9枚目（顔、吹き出し、章のまとめ）☆ターン（開始）・☆フェード（開始）・☆ワイプ（開始）＋☆シーソー（強調）、10枚目（雷）☆フェード（開始）＋☆シーソー（強調）、11枚目（グラフタイトル、アイコン）☆ワイプ（開始）＋↕直線（アニメーションの軌跡）・☆ズーム（開始）＋☆シーソー（強調）、12枚目（グラフタイトル）☆ワイプ（開始）＋↕直線（アニメーションの軌跡）、14枚目（グラフタイトル、アイコンA、アイコンB、アイコンC）☆ワイプ（開始）＋↕直線（アニメーションの軌跡）・☆ズーム（開始）＋☆スピン（強調）、15枚目（テキストフレーム、テキスト）☆ズーム（開始）＋☆シーソー（強調）・☆ワイプ（開始）＋☆シーソー（強調）、16枚目（電話、電波）☆ズーム（開始）＋☆シーソー（強調）

「☆シーソー（強調）」のみを使用するスライド

2枚目（ビルアイコン、家アイコン、olmtgアイコン）、4枚目（ビルアイコン、家アイコン、olmtgアイコン）、7枚目（吹き出し）、8枚目（吹き出し）、13枚目（アイコン）。

10 アニメーションをリピートさせよう

オブジェクトに設定したアニメーションは、通常は1回しか動作しません。しかし、同じアニメーションを指定した回数または次のスライドに移るまでリピートさせることもできます。

使用するファイル：2-6-20.pptx) 作例ファイル：2章作例.pptx)

アニメーションに繰り返しを設定する

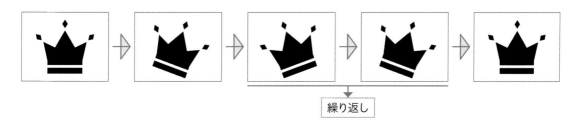

繰り返し

「繰り返し」の数を指定すれば、同じアニメーションが連続して再生されます。繰り返すと不自然に見える場合もあるのでバランスを見て設定するようにしましょう。

① 「繰り返し」を設定する

「アニメーションウィンドウ」で繰り返しを設定したいアニメーションを選択し、 をクリックして「タイミング」をクリックします。効果のオプションダイアログボックスの「タイミング」タブが表示されるので、「繰り返し」のプルダウンから繰り返しの回数を選択します。最後に「OK」をクリックして効果のオプションダイアログボックスを閉じます。

作例ではスライド1枚目・6枚目・10枚目雷の「 シーソー（強調）」、11枚目・13枚目アイコンの「 シーソー（強調）」に繰り返しを設定しています。

★ Section ☆

11 図形を変形させよう

PowerPoint には、トランジションの役目を果たす「画面切り替え」機能が用意されています。ここでは、多くのスライド切り替え機能のうち「変形」を設定する手順を解説します。

⌄ 使用するファイル：2-6-20.pptx　⌄ 作例ファイル：2章作例.pptx

画面切り替えの「変形」を設定する

　動画は複数の連続するカットで構成されているため、次のカットへ移る際に、どうしても前のカットとのつなぎ目が目立ってしまいます。このつなぎ目の違和感を消すために、動画編集ソフトでは「トランジション」という効果を利用します。PowerPointにも、トランジションの代わりとなる「画面切り替え」機能が用意されています。

　画面切り替え効果の1つ「■変形」を適用すると、前後のスライドのオブジェクト情報を読み取り、自然にスライドを遷移させることができます。オブジェクトに関連性のあるスライドに適用すると大変効果的です。

① 「■変形」を適用させたいオブジェクトを準備する

スライドを複製、または変形させたいオブジェクトを次のスライドにコピー＆ペーストします。オブジェクトの位置とサイズを変形後の形に整えましょう。

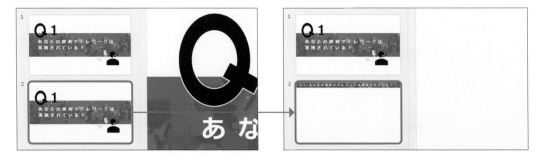

② 「📄変形」を適用する

「画面切り替え」タブをクリックし、「📄変形」をクリックすると、動きがプレビューされます。

③ タイミングを設定する

「画面切り替え」タブで下記を設定します。

> **A ⏱期間**
>
> 画面切り替えにかかる時間を変更できます。効果ごとにデフォルトで設定されている秒数は異なります。
>
> **B 画面切り替えのタイミング**
>
> 「自動」の秒数はその画面が表示される時間を表しています。動画にすることが目標の場合は「クリック時」のチェックを外し、「自動」にチェックをつけた上でアニメーションに合わせて秒数を調整するとよいでしょう。このように設定しておくと、スライドショーで完成動画のように再生することができ、調整がかんたんなんです。

④ 動きを確認する

再度動きを確認したい場合は「📄プレビュー」をクリックすると画面切り替えが再生されます。

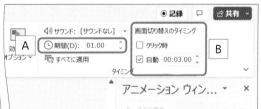

POINT 「📄変形」で作成されるアニメーション

「📄変形」では、次のスライドに複製したオブジェクトの軌跡のアニメーション（配置移動）、回転アニメーション、ズームアニメーション、反転アニメーション（上下反転・左右反転）、色や書式設定の滑らかな変化アニメーションが自動で作成されます。また、複製したスライドの片方にオブジェクトを挿入または削除すると、フェードイン・フェードアウトのアニメーションにできたり、スライドの外にオブジェクトを移動させることでスライドイン・スライドアウトのアニメーションにすることも可能です。なお、前後のスライドに配置された同じ種類のオブジェクト（グラフを除く）は、オブジェクト名を「!!」で始まる同名にすると、形などが違っても強制的に変形させることができます。

12 円グラフを描画しよう

「ホイール（開始）」は、図形が時計回りで徐々に表示されていくアニメーションです。丸い形状の図形や円グラフとの相性がよく、これから何が表示されるのか期待感を高める効果があります。

使用するファイル：2-6-20.pptx　　作例ファイル：2章作例.pptx

ホイール（開始）を設定する

「☆ホイール（開始）」とは、図形中央のハブを起点として時計回りで徐々に表示していくアニメーション効果です。丸い形状の図形や円グラフとの相性がよく、スライドに変化をつけたいときに有効なアニメーションです。

1 「☆ホイール（開始）」を適用する

円グラフを選択した状態で、「アニメーション」タブに切り替え、アニメーションの一覧から「☆ホイール（開始）」をクリックします。

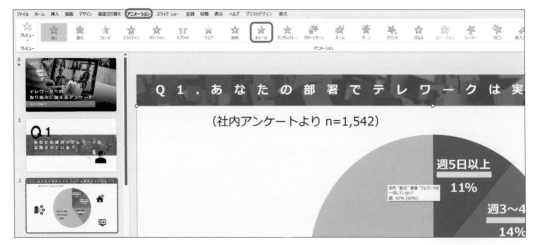

POINT　複数の場所から表示させる

「☆ホイール（開始）」は、「■1スポーク」（1ヵ所から表示開始）がデフォルトで設定されています。「☆効果のオプション」をクリックすると最大8スポークまで表示が始まる場所を増やすことが可能です。

POINT　項目ごとにアニメーションを設定できる

グラフにアニメーションを追加すると「☆効果のオプション」に「連続」という項目が表示されます。デフォルトでは「■1つのオブジェクトとして」が設定されています。「■項目別」などに変更すると、グラフの項目ごとにアニメーションが再生されるようになり、開始のタイミングなどをそれぞれ設定することができるようになります。

「☆ホイール（開始）」を使用するスライド

2枚目（グラフ）、11枚目（グラフ※）、14枚目（グラフ）

※…59～61ページのレーダーチャートグラフの動きを試したいときのみ。練習用ファイルでは非表示になっているため、「選択」ウィンドウで表示させて練習しましょう。

Section 13 テキストにアンダーラインを 表示させよう

アンダーラインは、重要なテキストを目立たせたいときに活用される強調表現の1つです。PowerPointの図形機能とアニメーション機能を使えば、アンダーラインが引かれるアニメーションを作成できます。

使用するファイル：2-6-20.pptx　　作例ファイル：2章作例.pptx

「正方形 / 長方形」オブジェクトにワイプ（開始）を設定する

PowerPointには「⊻下線」や「🖊蛍光ペンの色」など、テキストにアンダーラインを引ける機能があります。しかし、「🅰フォント」に用意されている標準のアンダーラインは残念ながらアニメーション効果に対応していません。

標準のアンダーラインの代わりとしてここで活用するのが、「□正方形/長方形」オブジェクトです。アニメーション効果の「⭐ワイプ（開始）」を設定すると、アンダーラインが徐々に引かれていくようなアニメーションに仕上がります。色や線の太さも自由に変更できます。

1　「□正方形/長方形」を挿入する

「挿入」タブの「🗐図形」から「□正方形/長方形」オブジェクトを選択して、テキストの下部に配置します。

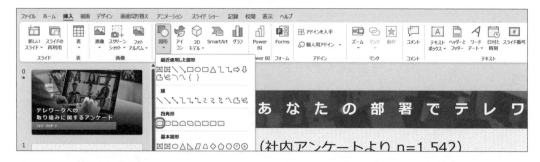

50

② 「★ワイプ（開始）」を適用する

「アニメーション」タブに切り替え、アニメーションの一覧から「★ワイプ（開始）」をクリックして適用します。

③ 表示される方向を変更する

「★ワイプ（開始）」は、表示する方向がデフォルトで「↑下から」に設定されています。他の方向から表示したい場合は、「☆効果のオプション」をクリックして任意の方向をクリックしましょう。作例の場合、スライド2枚目などは「↑下から」、11枚目などは「→左から」にしています。

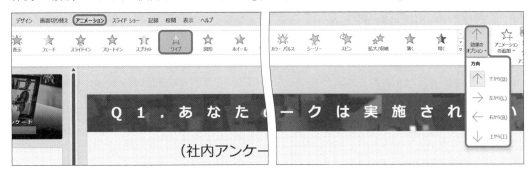

POINT　文字の後ろにアンダーラインを配置する

スライド2枚目などのように、アンダーラインとテキストが重ならない場合であれば問題ありませんが、スライド11枚目などのようにテキストに少しアンダーラインが重なる場合は、オブジェクトの順番を変更してアンダーラインが背後に来るようにしましょう。ただし、スライド2枚目などのようにPowerPointの機能を使って作成したグラフのデータラベルにアンダーラインを引くときは、データラベルとグラフの間に別のオブジェクトを配置することができないため、テキストとアンダーラインを重ねることができません。アンダーラインを重ねたい場合は、データラベルを別のテキストボックスでデータラベルを作成して配置しましょう。

作例ではスライド2枚目、4枚目、11枚目、12枚目、14枚目に下線を設定しています。

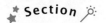

Section 14 背景を暗転させよう

スライド3枚目と5枚目では、背景が暗くなり、テキストが前面に表示されます。テキストが自然に強調されるので、図やグラフに説明を加えたいときにとても効果的です。

⌄ 使用するファイル：2-6-20.pptx ⌄ 作例ファイル：2章作例.pptx

黒色の長方形を重ねる

作例のスライド3枚目や5枚目の"画面が暗転したような"効果を出すのであれば、コピーしたスライドの上に黒色の長方形を重ねる方法がもっともかんたんです。この方法であれば、前の画面から自然に暗転効果を演出できます。さらに、暗転の暗さや他の図形・テキストに適用したアニメーションの再生タイミングも調整しやすくなります。

① スライドを複製する

複製したいスライドのサムネイルを右クリックし、「⊞スライドの複製」を選択します。

② 長方形を作成してスライドに重ねる

複製したスライド全体に重ねるようにして「口正方形/長方形」オブジェクトを作成します。作例では章タイトルまで暗転させないように位置を調整しています。

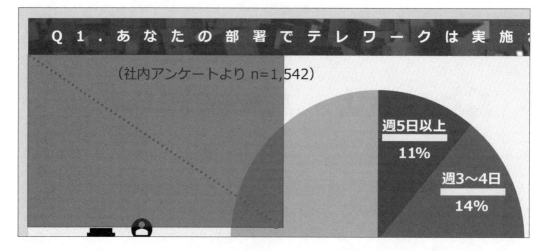

③ 長方形の塗りつぶしと透明度を変更する

長方形の上で右クリックし、「 図形の書式設定」をクリックします。「図形の書式設定」ウィンドウで「図形のオプション」→ （塗りつぶしと線）の「塗りつぶし（単色）」を選択し、「色」を黒にして「透明度」を「40％」に上げます。「線」に色がついている場合は「線なし」にしましょう。

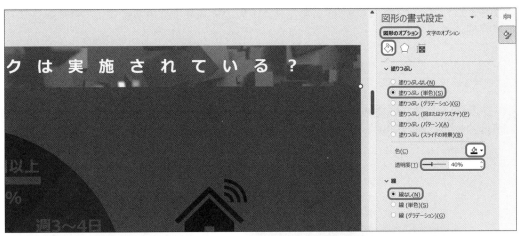

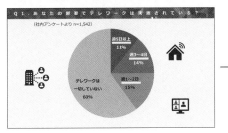

POINT 場面切り替えで画面全体を完全に暗転させたい

ここで紹介したのは図やグラフに説明を加えたいときに便利な"画面が暗転したような"効果でした。場面の切り替え時に画面を完全に黒くしたいのであれば、上記の方法で「透明度」を0%のままにし、「アニメーション」タブから終了効果を追加すると、想像していたような効果が得られると思います。また、「画面切り替え」機能の「フェード」で「効果のオプション」を「黒いスクリーンから」に設定すると、もっとかんたんに画面全体を完全に暗転させることができます。ただし「画面切り替え」では、"画面の一部を暗転させたくない"などの細かな調整ができないので、好みに応じて使い分けるとよいでしょう。

15 ズームインさせよう

「ズーム（開始）」は、小さなオブジェクトが徐々に拡大表示していくアニメーション効果です。さまざまなオブジェクトとの相性がよく、とくにテキストに適用することで要点を強調できる効果が期待できます。

⌄ 使用するファイル：2-6-20.pptx   ⌄ 作例ファイル：2章作例.pptx

ズーム（開始）を設定する

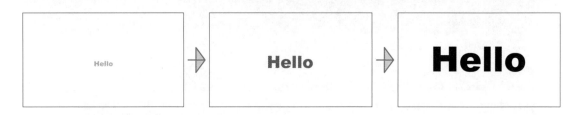

「★ズーム（開始）」は、対象への注目度を向上させる効果があり、テキストに適用すれば要点をより印象づけられることから、企業のプロモーション動画などで好んで使われています。

① 「★ズーム（開始）」を適用する

オブジェクトを選択し、「アニメーション」タブに切り替えます。アニメーションの一覧から「★ズーム（開始）」をクリックしましょう。

「★ズーム（開始）」を使用するスライド

7枚目（グラフタイトル、顔）、8枚目（グラフタイトル、顔）、11枚目（アイコン）、14枚目（回答まとめ、アイコンA、アイコンB、アイコンC）、15枚目（枠、テキストフレーム）、16枚目（電話、電波）

POINT 消点の場所をスライドの中央にする

「☀ズーム（開始）」の「消点」（ズームで現れ始める場所）はデフォルトで「★オブジェクトの中央」になっており、遠くにあったオブジェクトが近づいてくるような演出ができます。「✿効果のオプション」で「▣スライドの中央」を選択すると、スライドの中央からオブジェクトの本来の位置まで拡大しながら移動します。例えば、スライドのすべてのオブジェクトを選択した状態で「☀ズーム（開始）」と「▣スライドの中央」を適用すると、花が開くようにすべてのオブジェクトが放射状に現れます。

POINT ズームに似たアニメーション効果

アニメーションの中には「☀ズーム（開始）」以外にも、オブジェクトを拡大しながら表示させられるものがいくつかあります。下記のうち、アニメーションの一覧に表示されていないアニメーション効果は、「☀その他の開始効果」から適用できます。

☀エクスパンド		オブジェクトの左右中央から横に伸びるように拡大される
☀コンプレス		横に伸びた状態からもとの大きさになるまで縮小される
☀ストレッチ	★中心から	ぺちゃんこにつぶされていたオブジェクトが左右中央から引き延ばされるように左右に広がる
	↑下から	ぺちゃんこにつぶされていたオブジェクトが下から上に引き延ばされるように広がる
	→左から	ぺちゃんこにつぶされていたオブジェクトが左から右に引き延ばされるように広がる
	←右から	「→左から」の左右逆バージョン
	↓上から	「↑下から」の上下逆バージョン
☀ベーシックズーム	⁑イン	「☀ズーム（開始）」の「★オブジェクトの中央」と同様の動き
	⁑イン（中心から）	「☀ズーム（開始）」の「▣スライドの中央」と同様の動き
	⁑イン（少し）	オブジェクトが少し縮小された状態で表示されており、もとの大きさになるまで拡大される
	⁑アウト	もとの状態より拡大された状態からもとの大きさになるまで縮小される
	⁑アウト（下から）	スライドの枠外下部からオブジェクトの本来の位置まで縮小しながら移動
	⁑アウト（少し）	「⁑アウト」よりも小さめの状態からもとの大きさになるまで縮小される

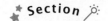
横棒グラフを描画しよう

データの大小を比較する際に便利な横棒グラフは、ランキングのような表現をしたいときに便利です。ここでは、PowerPoint のアニメーション効果を組み合わせて、動画映えする横棒グラフのアニメーションを作成します。

⬇ 使用するファイル：2-6-20.pptx　　⬇ 作例ファイル：2章作例.pptx

横棒グラフのアニメーションを作成する

① 横棒グラフのデザインを作成しておく

テキストボックスや図形などを活用し、7枚目と8枚目のスライドに横棒グラフ風のデザインを作成しておきます。

② 選択肢テキストにアニメーションを適用する

まずは一番上のグラフのアニメーションを設定していきます。選択肢のテキストを選択し、「アニメーション」タブで「★ワイプ（開始）」を適用します。「✿効果のオプション」は「→左から」を設定します。

③ グラフの長方形にアニメーションを適用する

グラフの長方形には「★ワイプ（開始）」のアニメーションを適用します。「✿効果のオプション」は「←右から」を設定します。こうすることで、グラフがスライド枠外の右側から伸びてきているような演出が可能です。

④ パーセンテージにアニメーションを適用する

パーセンテージのテキストを選択し、「☆フェード（開始）」のアニメーションを適用します。「▷開始」を「直前の動作の後」にすることで、グラフがすべて表示されてから数値が出ます。

⑤ アイコンにアニメーションを適用する

グラフの左端に配置しているアイコンを選択し、「☆スライドイン（開始）」のアニメーションを適用します。「☆スライドイン（開始）」は「☆効果のオプション」で指定した方向からオブジェクトが滑り出てくる動きをします。ここでは「← 右から」に設定します。アイコンはグラフの長方形オブジェクトより後ろ側に配置しているので、グラフの後ろ側から滑り出てくるような動きになります。

⑥ 他のグラフにもアニメーションを設定する

他のグラフにもアニメーションを設定していきます。1つひとつ設定していくと時間がかかるので、「☆アニメーションのコピー/貼り付け」を利用して時短するのがおすすめです。なお、「☆アニメーションのコピー/貼り付け」はスライドを跨いでも適用可能です。

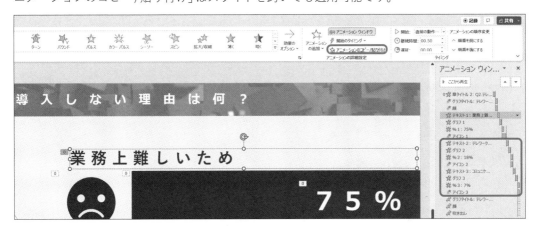

Section

17 図形をターンさせよう

「ターン（開始）」は、オブジェクトが横方向に回転しながら出現するアニメーション効果です。インパクトの強いアニメーション効果なので、適用すればオブジェクトを強く目立たせることができます。

▼ 使用するファイル：2-6-20.pptx ▼ 作例ファイル：2章作例.pptx

ターン（開始）を設定する

「☆ ターン（開始）」とは、オブジェクトの中心を起点として横方向に回転しながら出現するアニメーション効果です。華やかなアニメーションなので使いどころは限られますが、とくに目立たせたいオブジェクトにポイントで適用すると注目率がアップします。なお、縦方向に回転させたい場合は「☆ ベーシックターン（開始）」を利用しましょう。

① 「☆ ターン（開始）」を適用する

「アニメーション」タブに切り替え、アニメーションをつけたいオブジェクト（ここではスライド9枚目の「顔」）を選択します。アニメーションの一覧から、「☆ ターン（開始）」をクリックします。

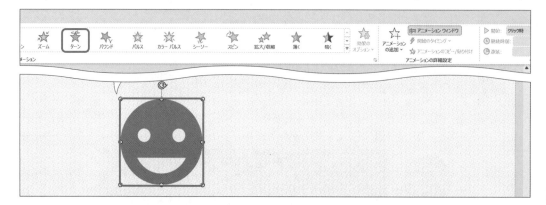

Section

18 レーダーチャートを描画しよう

複数の項目を一目で比較できるレーダーチャートは、動画でも見栄えするオブジェクトです。PowerPoint のアニメーション機能を活用すれば、ただレーダーチャートを表示するよりも印象付けることができます。

🔽 使用するファイル：2-6-20.pptx

基礎：グラフに「ホイール（開始）」を適用する

レーダーチャートを描画するアニメーションの設定方法は大きく2種類あります。まずはかんたんな方法としてSec.12で円グラフに使用した「⭐ホイール（開始）」を活用するやり方を解説します。

① レーダーグラフを挿入する

スライド11枚目を表示し、「挿入」タブで「📊グラフ」をクリックすると、「グラフの挿入」ダイアログボックスが開きます。メニューの「📊レーダー」をクリックし、レーダーの種類を選択して「OK」をクリックしたら項目、系列、数値などを編集してグラフを作成しましょう。

（練習用ファイルにはグラフが非表示状態で挿入されています。）

② 「★ホイール（開始）」を適用する

「アニメーション」タブに切り替え、アニメーションの一覧
から、「★ホイール（開始）」をクリックします。この状態で
のアニメーションの動き方は右図のようになっています。

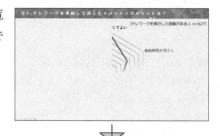

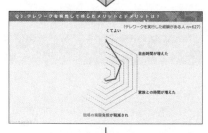

③ 背景と系列データにアニメーションを分ける

系列データだけにアニメーションをつけたいので、まずは
背景（項目ラベルと目盛線）と系列データにアニメーショ
ンを分離します。「★効果のオプション」をクリックし、「連
続」の「▥系列別」を選択します。この状態では、背景がホ
イールで表示された後に、係数データがホイールで表示さ
れます。

④ 背景のアニメーションを削除する

「アニメーションウィンドウ」でレーダーチャートのアニメーションの ▼ をクリックし、「背景」の
▼ をクリックしたら「削除」を選択します。

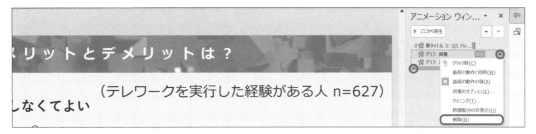

⑤ 「▷開始」や「🕐継続時間」を調整する

「▷開始」や「🕐継続時間」などを調整し、「☆プレビュー」をク
リックしてアニメーションを確認しましょう。背景はすべて表
示された状態で系列データのホイールアニメーションが始ま
ります。

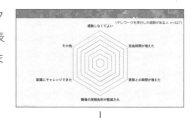

POINT 「☆ホイール（開始）」は開始位置の設定ができない

「☆ホイール（開始）」を使用する方法ではアニメーションの開始場所を細かく設定することができないため、
系列データが真上から表示されず、少しずれる場合があります。気になる場合は次からのページを参考にア
ニメーションを作成しましょう。

応用：オブジェクトでレーダーチャートを作成する

　PowerPointのグラフ機能で作成したレーダーチャートに「★ホイール（開始）」を使った場合は、目盛・値・凡例・項目・ラベルなど、系列データ以外のグラフを構成する要素が背景にまとめられてしまいます。レーダーチャートを構成する要素それぞれに動きをつけて表示する順番をずらしたい場合は、図形やテキストなどを使ってグラフを作成しましょう。それぞれの要素がオブジェクトとして独立しているので、複数のアニメーションを組み合わせるなども可能になります。

① レーダーチャートを作成する

　スライド11枚目に、図形やテキストなどを駆使してレーダーチャートを作成します。ここではそれぞれの要素に下記の図形などを使用しました。塗りつぶしや線の色・太さは適宜変更しましょう。

（練習用ファイルには作成済みのレーダーチャートが挿入されています。）

A　レーダー

項目数にあった図形（正多角形）を使用します。ここでは項目数が6なので、「○六角形」を選択しました。目盛の数に応じて図形を複製し、大きさを変えて配置します。

B　マーカー

各項目の頂点（一番外側の目盛線）にマーカーを配置しました。ここでは円にしましたが、四角形など好みで図形は何でも構いません。マーカーを配置することでメリハリがついて見やすくなります。

POINT　PowerPoint で正多角形を作成する

レーダーチャートの目盛線などは、図形の中心からの距離が等しい正多角形がおすすめです。しかし、PowerPoint の図形の中には、高さと幅の倍率が 100% の状態であっても実は正多角形でないものもあります。補助線やガイド、ルーラーなどを使用すると頂点位置の編集がかんたんに行えます。

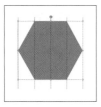
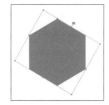

C　項目ラベル（テキスト1〜6）

テキストボックスを挿入し、各頂点の近くに配置しました。

D　データ系列の線（直線コネクタ1〜6）

レーダーチャートの値同士を結ぶ線は、「📋図形」の「＼線」を利用して線分ごとに分けています。ここでは項目が6つでしたので、線は5つ配置されています。後でアニメーションをつけたときに線の線端がきれいに重なっているようにしたかったので、「図形の書式設定」ウィンドウ→🪣（塗りつぶしと線）→「線」で「線の先端」を「丸」、「線の結合点」を「丸」に設定しています。

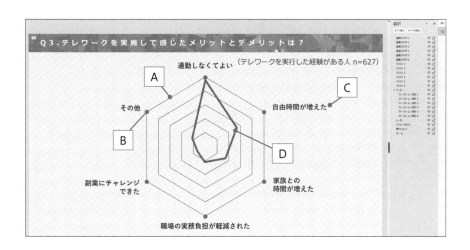

POINT　目盛線を等間隔に揃える

目盛線を等間隔に並べるときは [Ctrl] キーと矢印キーを使って微調整する方法もありますが、PowerPoint の機能を使うと美しく配置することが可能です。目盛線のオブジェクトを必要な分複製しすべて選択します。「図形の書式」タブで「📐配置」をクリックし、「🔲左右中央揃え」と「🔲上下中央揃え」を適用します。このとき「選択したオブジェクトを揃える」にチェックが入っていると、オブジェクトを基準として配置されます。[Ctrl] キー + [Shift] キー + ドラッグ操作でオブジェクトの中心を基準にしてそれぞれの目盛線を拡大・縮小します。事前に「🔲上下に整列」または「🔲左右に整列」を使って補助線を作成しておくと拡大・縮小も均等に揃えられます。

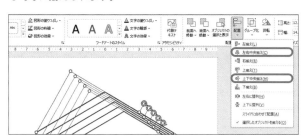
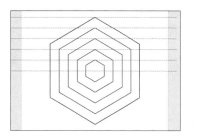

② 目盛線とマーカーに「★フェード（開始）」を適用する

目盛線とマーカーに「★フェード（開始）」アニメーションを設定します。グループ化している場合はグループごとまとめてアニメーションを設定し、一度に表示されるようにします。

③ 項目ラベルに「★フェード（開始）」を適用する

時計回りの順番で、それぞれの項目ラベルに「★フェード（開始）」アニメーションを設定します。

④ データ系列の線に「★ワイプ（開始）」を適用する

時計回りの順番で、データ系列の線に「★ワイプ（開始）」アニメーションを設定します。データ系列の線の「▷開始」は「直前の動作と同時」を設定し、時計回りに再生されるように「☆効果のオプション」からアニメーションの方向を調整します。

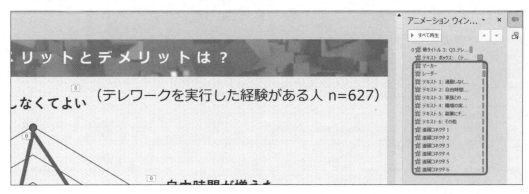

⑤ 項目ラベルとデータ系列の線のアニメーションの順番を変更する

各項目ラベルのアニメーションとデータ系列の線のアニメーションがセットで表示されるようにアニメーションの順番を変更します。

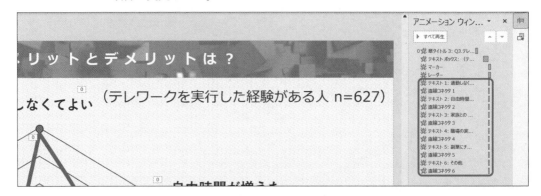

⑥ 時計回りに表示されるように遅延を設定する

項目ラベルとデータ系列の線のアニメーションのそれぞれのセットが時計回りに順番に表示されるように「⏱遅延」を調整します。

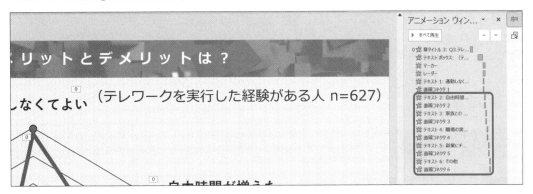

⑦ アニメーションを確認する

「☆プレビュー」をクリックしてアニメーションを確認しましょう。

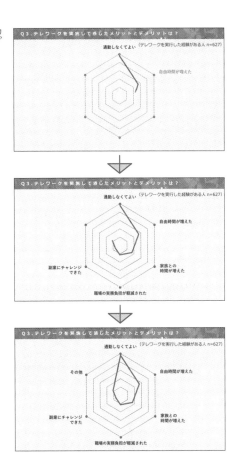

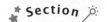

表示中のテキストを動かそう

「直線（アニメーションの軌跡）」は、指定した直線の軌跡に沿ってオブジェクトが動き、消えていくアニメーション効果です。かなり自由度の高いアニメーション効果なので、アイデア次第でさまざまな活用ができるでしょう。

⊙ 使用するファイル：2-6-20.pptx   ⊙ 作例ファイル：2章作例.pptx

テキストに「直線（アニメーションの軌跡）」を設定する

　PowerPointのアニメーション効果の中で、「アニメーションの軌跡」に含まれている効果はとくに動きの自由度が高いといえるでしょう。「↕直線（アニメーションの軌跡）」のアニメーションを使用すると、選択したオブジェクトを任意の直線方向にドラッグすることで、その直線の軌跡に沿ってオブジェクトが動きます。ここでは、「↕直線（アニメーションの軌跡）」を使って表示中のテキストを斜め左上に動かす方法を解説します。

① 動かすテキストを準備する

　まずは動かしたいテキストを準備します。ここでは画面の中央から左上に向かってテキストを動かせるため、画面中央にテキストを配置します。

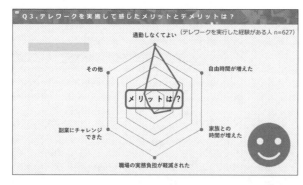

② 「↓ 直線（アニメーションの軌跡）」を適用する

テキストボックスを選択した状態で「アニメーション」タブに切り替え、アニメーションの一覧の右側にある▽をクリックし、「↓ 直線（アニメーションの軌跡）」を選択します。

③ 軌跡を変更する

テキストの最初の位置に緑の丸、移動後の位置に薄いテキストと赤い丸が表示されます。赤い丸にマウスポインターを合わせ、移動させたい場所（ここでは左上）までドラッグします。

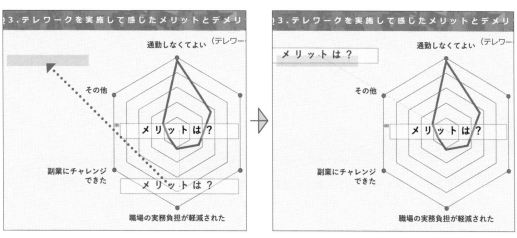

④ アニメーションを確認する

その他のアニメーションなどを設定・調整し、「☆プレビュー」をクリックしてアニメーションを確認しましょう。ここでは、テキストを「★ワイプ（開始）」で中央に表示した後で左上に「↕直線（アニメーションの軌跡）」で移動させ、Sec.13と同様の方法でアンダーラインを左から出現させました。

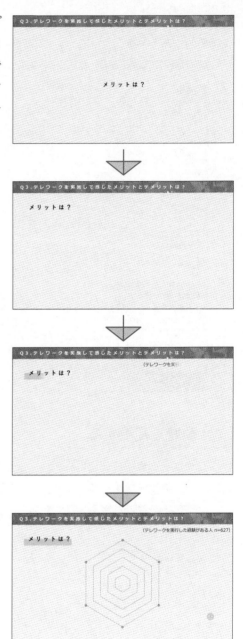

「↕直線（アニメーションの軌跡）」を使用するスライド

11枚目（グラフタイトル）、12枚目（グラフタイトル）、14枚目（グラフタイトル）

20 図形を時計回りに回転させよう

「スピン（強調）」は、図形が時計回りに回転するアニメーション効果です。非常にインパクトの強いアニメーション効果なので使いどころが難しいですが、上手にハマればおしゃれな動画に仕上がるでしょう。

> 使用するファイル：2-6-20.pptx　　作例ファイル：2章作例.pptx

スピン（強調）を設定する

「🌟スピン（強調）」とは、図形の中心を起点として時計回りに360度回転するインパクトも充分なアニメーション効果です。回転の方向と回転数は、後から変更できます。

1 「🌟スピン（強調）」を適用する

「アニメーション」タブでアニメーションの一覧の右側にある▾をクリックし、「🌟スピン（強調）」を選択します。スライド14枚目のアイコンA、アイコンB、アイコンCの場合は、先に🌟ズーム（開始）を設定しているので、「☆アニメーションの追加」から「🌟スピン（強調）」を選択しましょう。

POINT 回り方をカスタマイズする

「スピン（強調）」は、「○時計回り」と「○1回転」がデフォルトで設定されています。「☆効果のオプション」では「○反時計回り」への変更や、回数の変更が可能です。

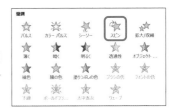

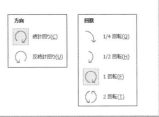

Section

21 BGM を挿入しよう

すべてのアニメーションを設定できたら、最後の仕上げに BGM を挿入してみましょう。ただ音楽を挿入しただけでは自動で再生されないため、スライドと音楽が上手く連動するようにいくつか設定する必要があります。

BGM を設定する

1 「挿入」タブから音楽を挿入する

BGMに設定したい音楽は事前に準備しておき、音楽を挿入したいスライドを表示します（ここでは、BGMを動画の最初から再生したいので、一番最初のスライドを表示）。「挿入」タブに切り替え、「◁ᵕオーディオ」をクリックし、「◁ᵕこのコンピューター上のオーディオ」を選択します。

2 挿入したい音楽を選択する

「オーディオの挿入」ダイアログボックスが表示されるので、音楽を選択して「挿入」をクリックします。

3 音楽が挿入される

音楽が挿入されると、スピーカーの形をしたアイコンが表示されます。確認のスライドショーや動画化の際には、このアイコンを非表示に設定できますが、後でオブジェクトの微調整が必要になったときに邪魔になってしまうので、スライドの枠の外に移動させておいても問題ありません。

（練習用ファイルにはBGMが挿入されています。）

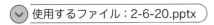 使用するファイル：2-6-20.pptx 作例ファイル：2章作例.pptx

自動再生の設定をする

音楽を挿入しただけでは、音楽を自動再生することはできません。また、再生しても次のスライドに切り替わったときに停止してしまいます。動画の最初から最後まで音楽を自動再生するには、オーディオのオプションなどの設定を変更する必要があります。

① 「再生」タブで開始のタイミングを変更する

音楽を挿入し、サウンドアイコンを選択するとタブメニューに「再生」が表示されるので「再生」タブに切り替え、「🔊 バックグラウンドで再生」をクリックします。下記のように設定が変更されたことを確認しましょう。

A 🔊 開始

デフォルトは「一連のクリック動作」です。「🔊 バックグラウンドで再生」にすると「自動」に切り替わります。

B スライド切り替え後も再生

チェックがつき、スライドが切り替わっても引き続きBGMが再生されます。

C 停止するまで繰り返す

チェックがつき、動画が終了するまで音楽が繰り返し再生されます。スクリーンショットで確認する場合も、最後のスライドが終了するまで音楽が繰り返し再生されます。

D スライドショーを実行中にサウンドのアイコンを隠す

チェックがつき、動画にしたときやスライドショー中はサウンドアイコンが非表示になります。

POINT 開始のタイミング

動画のBGMにする場合は「🔊 開始」のタイミングが「自動」であるべきですが、その他に「一連のクリック動作」と「クリック時」が選べるようになっています。「一連のクリック動作」はスライドショー中にクリックまたは [Enter] キーを押すと音楽が再生されます。「クリック時」の場合はサウンドアイコンをクリックで再生が開始されます。なお、音楽の再生のタイミングは「アニメーション」タブや「アニメーションウィンドウ」の「タイミング」でも設定可能です。

② 音量を設定する

BGMの音量が大きすぎないように「🔊音量」をクリックして調整します。サウンドアイコン下部の🔊をクリックしてスライダーで調整もできます。

③ 動画終了時にBGMをフェードアウトさせる

動画終了時にBGMをフェードアウトさせ、プツっと音楽が途切れないようにします。「再生」タブの「フェードの継続時間」の「📊フェードアウト」に任意の秒数を指定します。作例では4秒としました。なお、このフェードアウトは音楽の終了から○秒前という設定となっており、音楽の途中で動画が終了してしまう場合は適用されません。動画よりも音楽が長い場合は「✂オーディオのトリミング」で長さを調整しましょう。

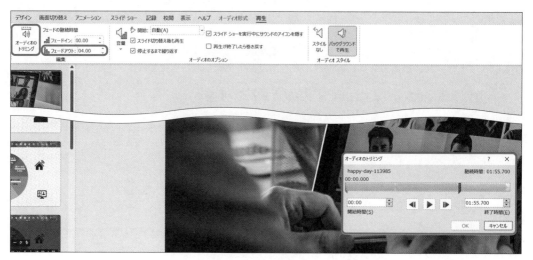

POINT　PowerPoint に挿入できる音楽形式

PowerPoint に挿入できる音楽のファイル形式は、「.wma」「.wav」「.mp3」「.m4a」「.mp4」「.mid」「.midi」「.au」「.aiff」です。ただし、PowerPoint 2013 以前のバージョンは 「.m4a」「.mp4」に対応していません。

3

解説動画を
作成してみよう

解説動画のスライドを紹介!

PowerPointには動画を挿入したり音声を収録したりできる機能が備わっています。こうした機能を活用して「解説動画」にチャレンジしてみましょう。ここでは解説動画とは何か解説し、作例を紹介します。

解説動画とは?

　解説動画は、1つのテーマをイラスト・図解・BGM・アニメーション・ナレーション・効果音などさまざまな素材を用いて解説していく動画のことです。eラーニングでもお馴染みですが、近年はYouTubeでも大変人気のコンテンツとなっています。

　解説動画は素材の使用方法や表現方法の他に、構成も重要な要素となっています。第3章では、"PowerPointの使い方"というテーマで、アニメーションの種類と「アニメーション」タブからアニメーションを適用する方法について解説する動画を作成します。ナレーションを入れる方法や実際の操作画面を収録して挿入する方法など、Sec.23からは第2章で解説していない内容を中心に作成方法を紹介します。難易度はやや高めですが、第3章を通じてわかりやすい解説動画を作成してみましょう。

▲第3章で制作するPowerPoint操作解説動画

POINT 動画を挿入したスライドの画面切り替え

作例の解説動画ではスライドに動画を挿入している箇所がありますが、動画を挿入したスライドの次のスライドで画面切り替えを設定すると、動画の最初のシーンに戻った状態で画面切り替えが行われて動画化したときに少し不自然になってしまいます。気になる場合は「ビデオ形式」タブから「🖼表紙画像」を選択し、動画の最後のシーンの画像を設定しておくと、急に画面が変わることなく画面切り替えが実行されます。

作例スライド紹介

第2章と同様に、まずは作例ファイル（3章作例.pptx）でスライドショーを実行し、全体の流れを把握しておきましょう。適用されているアニメーションや画面切り替え、オブジェクトの詳細は作例ファイルを参照し、第2章を参考に練習用ファイル（3-26-28.pptx）に効果をつけてみましょう。

1枚目：オープニング

◀画面切り替え：□なし

▷再生（メディア）

別のスライドで用意したオープニングアニメーションをビデオ化し、挿入しています。

2、3枚目：イントロダクション

2枚目：自己紹介

◀画面切り替え： ▦ ランダムストライプ（横）

- ▷再生（メディア）
- ☆スライドイン（開始）
- ★フェード（開始）
- ★ワイプ（開始）
- ▷再生（メディア）
- ★フェード（開始）

オープニングから本編への切り替わりにあたるので、「▦ ランダムストライプ」の画面切り替えを適用しています。

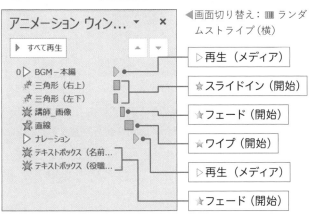

3枚目：解説内容紹介

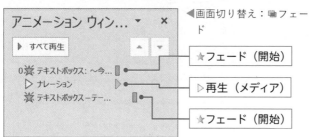

◀画面切り替え：🖼フェード

★フェード（開始）

▷再生（メディア）

★フェード（開始）

4、9、11枚目：チャプタータイトル

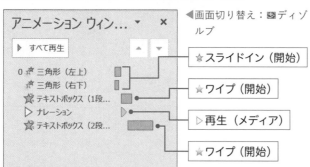

◀画面切り替え：▨ディゾルブ

★スライドイン（開始）

★ワイプ（開始）

▷再生（メディア）

★ワイプ（開始）

チャプターの切り替わりとなるため、「▨ディゾルブ」で切り替わりをわかりやすく、はなやかに演出しています。

⌄ 5〜8枚目：チャプター1

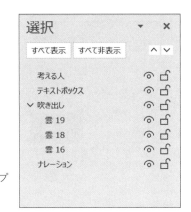

3 解説動画を作成してみよう

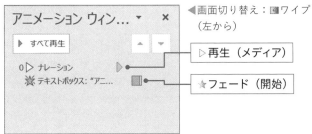

◀画面切り替え：🖼ワイプ
（左から）

▷ 再生（メディア）

★フェード（開始）

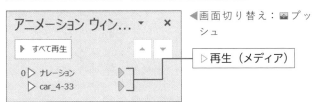

◀画面切り替え：🖼プッ
シュ

▷再生（メディア）

★スライドイン（開始）（8枚目のみ）

★スピン（強調）（8枚目のみ）

★拡大 / 収縮（強調）（8枚目のみ）

★ランダムストライプ（終了）（8枚目のみ）

5〜8枚目のスライドが一連の動画で
あるように演出したかったので、画面
切り替えは「🖼プッシュ」を適用し、遊
び心のある動きになるようにしまし
た。6枚目・7枚目のスライドは4章で
作成できるアニメーションを動画に
して挿入しています。

10、12枚目：チャプター2、3

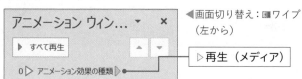

◀画面切り替え：▦ワイプ
（左から）

▷再生（メディア）

10枚目のスライド（チャプター2）は、別のスライドで用意したチャプター2の解説用のスライドを動画にして挿入しています。また、12枚目のスライド（チャプター3）は、解説用のスライドを画面収録した動画と字幕のテキストボックスが挿入されています。12枚目のスライドの「アニメーションウィンドウ」の一部は97ページで確認できます。

13枚目：まとめ

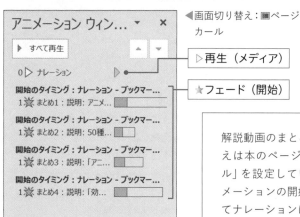

◀画面切り替え：▦ページ
カール

▷再生（メディア）

★フェード（開始）

解説動画のまとめにあたるページという設定で、画面切り替えは本のページをめくるような動きをする「▦ページカール」を設定しています。各「まとめ：説明」に適用したアニメーションの開始のタイミングは、96ページの方法を応用してナレーションにブックマークを追加して設定しました。

▼ 14、15枚目：エンディング

14枚目：次回予告

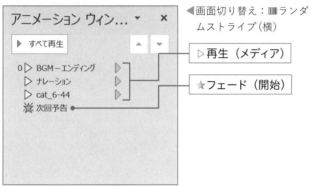

◀画面切り替え：▥▥ランダムストライプ（横）

▷再生（メディア）

★フェード（開始）

この解説動画がシリーズ物の1つという位置づけであるという設定で、次回の解説内容について告知するスライドを入れています。また、本編からエンディングへの切り替わりにあたるので、「▥▥ランダムストライプ」の画面切り替えを適用しています。挿入している動画は6章で作成できます。

15枚目：エンドカード

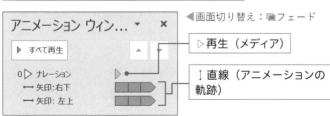

◀画面切り替え：▦フェード

▷再生（メディア）

↕直線（アニメーションの軌跡）

動画を締めくくるエンドカードの役割をするスライドです。

23 オープニングアニメーションを作成しよう

動画の冒頭に流れるオープニングアニメーションは、動画のブランドイメージを形成する非常に重要な要素です。本項を参考にして、視聴者を惹きつけるオープニングアニメーションを作成してみましょう。

⌄ 使用するファイル：3-23.pptx　　⌄ 作例ファイル：3-23_作例.pptx

オープニングアニメーションを作成する

　解説動画の冒頭で流す10〜20秒程度のオープニングアニメーションを作成しましょう。設定するアニメーションなどによってスライド数は変動しますが、作例ではスライド3枚を使用して約20秒のオープニングアニメーションを作成しました。

▲1枚目、約5秒

▲2枚目、約6.5秒

▲3枚目、約8秒

① スライドに素材を配置する

各スライドに画像や図形、テキストなどを配置します。各スライドに配置した素材は以下の通りです。

（練習用ファイルには素材が配置されています。）

A　1枚目

・背景画像
・三角形オブジェクト（左下、右上）
・帯（1段目、2段目）
・テキスト（1段目、2段目）
・オープニングBGM

B　2枚目

・背景画像
・三角形オブジェクト（左上、右下）
・帯（1段目、2段目）
・テキスト（1段目、2段目）

C　3枚目

・ロゴ画像

POINT 動画を使用したい

1枚目・2枚目のスライドの背景画像の代わりに、動画素材を使用することも可能です。動画素材の挿入方法は Sec.38 を参考にしてください。

---

② オープニングBGMの設定をする

Sec.21を参考に、挿入したBGM用のオーディオを選択した状態で「再生」タブの「◁バックグラウンドで再生」をクリックしてバックグラウンドで再生されるようにします。「🎼オーディオのトリミング」や「ᴵₗₗフェードアウト」の設定をする場合は、アニメーションなどを設定し、オープニングアニメーションの長さが決まった後に調整しましょう。

（練習用ファイルにはオーディオが挿入されています。）

③ オープニングBGMの再生中止を設定する

オープニングアニメーションは最初の3枚のスライドを利用しているので、3枚目のスライドの後にBGMが停止するように設定します。「アニメーションウィンドウ」で▼をクリックし、「効果のオプション」をクリックして、効果のオプションダイアログボックスを表示します。「効果」タブの「再生の中止」を「次のスライドの後」に変更し、「3」スライドと指定します。なお、オープニングアニメーションのみでファイルを完結させる場合は、この操作は不要です。

④ 1枚目と2枚目のスライドにアニメーションを設定する

1枚目のスライドと2枚目のスライドのアニメーションを設定します。作例で設定したアニメーションは下記の通りです。タイミングは文字数などに合わせて変更しています。

A　三角形

左の三角形→右の三角形の順に配置が完了するように「☆スライドイン（開始）」の「↑下から」を設定しています。

B　帯とテキスト

1段目帯→1段目テキスト・2段目帯→2段目テキストの順番に表示されるように、帯には「☆フロートイン（開始）」、テキストには「☆フェード（開始）」を適用しています。

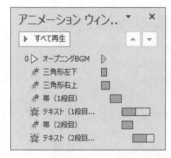 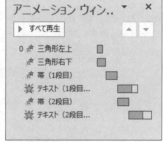

▲スライド1枚目のアニメーション　▲スライド2枚目のアニメーション

⑤ 3枚目のスライドにアニメーションを設定する

3枚目のスライドはシンプルにロゴが表示されるだけなので、少しインパクトのある「☆ランダムストライプ（開始）」のアニメーションをロゴに設定し、はなやかな演出にしています。

6 画面切り替えを設定する

各スライドに画面切り替えを設定します。「画面切り替えのタイミング」の「自動」に設定する時間はアニメーションと同じか、気持ち長めに調整するのがおすすめです。作例では下記のように設定しました。

A 1枚目

・画面切り替え：▢なし　・⏱期間：00.01（最短）　・画面切り替えのタイミング 自動：00:05.00

最初のスライドなので、画面切り替え効果を設定せず、自動で画面を切り替えるタイミングのみ、アニメーションに合わせて設定しています。

B 2枚目

・画面切り替え：▣フェード　・⏱期間：01.50　・画面切り替えのタイミング 自動：00:05.00

1枚目と2枚目は見た目の構成が似ているスライドなので、「▣フェード」で自然に切り替わるように設定しています。

C 3枚目

・画面切り替え：▣スプリット　・⏱期間：02.00　・画面切り替えのタイミング 自動：00:06.00

3枚目のスライドは動画シリーズのタイトルやYouTubeのチャンネル名のイメージで作成しているため、他の画面切り替えでは使用しない効果を用いて期待感を煽る効果を演出しています。

▲1枚目から2枚目への切り替わり

▲2枚目から3枚目への切り替わり

7 動画に書き出す

オープニングアニメーションが完成したら212ページを参考にして動画に書き出し、さらに144ページを参考にして「3-26-28.pptx」の1枚目のスライドに挿入しましょう。

24 ビデオ撮影や音声収録するときの注意点は?

PowerPointには、Webカメラを使ったワイプ収録や音声収録の機能なども備わっています。使い方を紹介する前にビデオ撮影やナレーションを撮る際の注意点を解説します。

ビデオ撮影・音声収録の注意点

⌄ カメラやマイクが競合しないようにする

　外付けのWebカメラ、パソコンの内部カメラ、カメラアプリ、ヘッドセットなど、パソコンの環境によってはカメラやマイクが競合してしまい、想定していた通りに収録できない場合があります。録画画面では、上部のパネルからカメラとマイクを設定できますが、オーディオの録音の場合はPowerPoint上でマイクの指定ができないので、Windowsの設定アプリの「サウンド」でマイクを選択します。

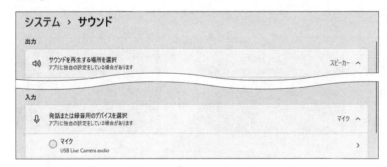

⌄ 画面の明るさを設定しておく

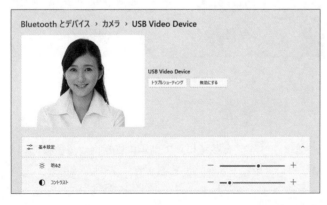

　カメラによっては周囲の明るさに応じて自動でホワイトバランスや明るさを調整してくれるものもありますが、そういった機能がない場合は、Windowsの設定アプリなどから手動で明るさを調整するとよいでしょう。映る顔が暗くても白すぎても不健康そうに見えたり、不機嫌そうに見えたりしてしまうので、ちょうどよいバランスに設定しましょう。

⌄ ノイズが入らないようにする

　さまざまな要因で録画中の映像にノイズが入ってしまうことがあります。家電製品による電磁波干渉が原因の場合は、電磁波を発生する家電製品から離れた場所で録画するなどが有効です。それでもノイズが入ってしまう場合は、Webカメラを再度接続し直したり、カメラアプリを再インストールしたり、パソコンを再起動したりしてみましょう。

　また、音声ノイズにも注意が必要です。砂嵐のようなホワイトノイズやマイクに息が当たって発生するポップノイズなどは意図せず録音されてしまうことがままありますので、対策が必要です。ホワイトノイズは、Windowsの設定アプリで入力音量を70前後にすると軽減できます。ポップノイズに関しては、ポップガードなどを使うと予防できます。

⌄ Web カメラの位置と目線を合わせる

　ワイプ映像は、カメラと目線を平行に合わせ、常に目線を真っ直ぐにすることを意識しましょう。目線を平行にすることで、視聴者に安心感を与えることができます。

⌄ カメラを有効にする

　録画の際、カメラやマイクが有効になっていないと画面に映らなかったり、音声が収録されなかったりするので注意しましょう。

⌄ 原稿を準備しておく

　録音中のナレーションを言い間違えてしまうと、場合によっては撮り直しが必要になることがあります。スムーズに読み上げるためには、大まかな内容でも構わないので原稿を作成することが望ましいです。

25 ワイプ映像を挿入しよう

講師の顔が表示される演出は、解説動画によく使用される手法です。PowerPoint でも録画機能を使用すると、自分の顔をスライドに挿入することができます。ここでは、ワイプ映像を録画・挿入する手順を解説します。

▼ 使用するファイル：3-25.pptx

ワイプ映像を挿入する

① スライドショーの録画を起動する

「記録」タブをクリックし、最初のスライドから録画したい場合は「先頭から」、任意のスライドから録画したい場合は該当のスライドを表示してから「現在のスライドから」をクリックします。

② 録画画面が表示される

録画画面が表示されます。録画画面の構成は次のようになっています。

A 編集

スライド画面に戻ります。ワイプを録画している場合はスライドにワイプ映像が挿入されます。

B ⏺レコーディングの撮り直し

録画を撮り直すことができます。

C ⏺録画の開始・⏺終了

クリックして録画を開始・終了します。

D 📹 カメラ

カメラのオン・オフを切り替えます。

E 🎤 マイク

マイクのオン・オフを切り替えます。

F ⋯ その他のオプション

カメラ・マイクの指定などが行えます。

G エクスポート

録画ごとスライド全体を動画化できます。

H ノート

ノートに入力したナレーション原稿などが表示されます。

I スライド切り替え

◎◎をクリックして前後のスライドに切り替えます。

J レーザーポインター・ペン

ワイプで解説しながらレーザーポインターでポイントを示したり、ペンで書き込みができます。

K カメラモードの選択

ワイプの背景をぼかす設定ができます。

L ビューの選択

録画画面の見た目を変えることができます。ここで紹介する録画画面のビューは「テレプロンプター」です。「発表者ビュー」にすると、ノートが右側に移動し、次のスライドも表示されます。「スライド表示」にすると、ノートが表示されなくなり、スライドが大きく表示されます。

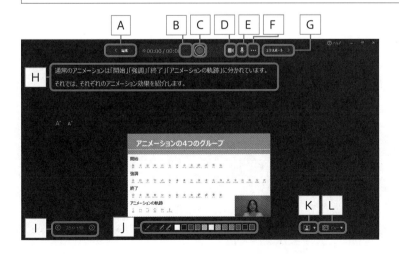

③ 録画を開始する

カメラがオンになっていることを確認し、◉をクリックして録画を開始します。録画を開始すると、3秒のカウントダウンの後にアニメーションなどスライドに設定していた動きなども開始されます。

④ 録画を終了する

録画を終了する場合は、◉をクリックして録画を終了します。「編集」をクリックします。

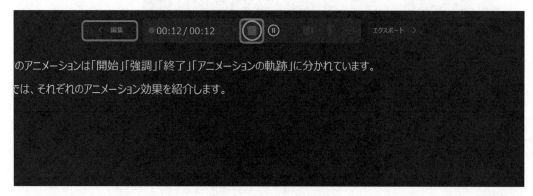

5 ワイプを調整する

スライドにワイプが挿入されます。「再生」タブに切り替え、「▶開始」が「自動」になっていること
を確認します。ワイプ映像の前後をカットしたい場合は「🎞ビデオのトリミング」をクリックして
編集します。ワイプ映像の録画・挿入がすべて終わったら212ページを参考にして動画に書き出し、
さらに144ページを参考にして「3-26-28.pptx」の10枚目のスライドにビデオを挿入しましょう。

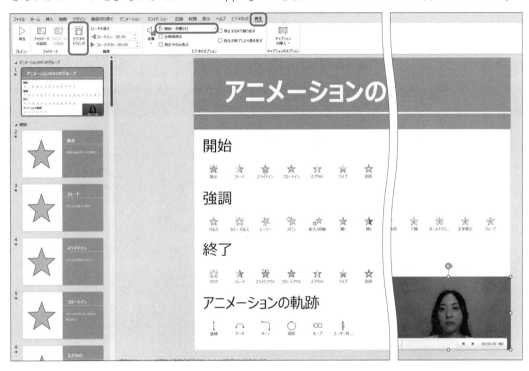

POINT 事前にワイプの挿入場所を指定したい

「記録」タブで「🖭カメオ」をクリックすると、スライドにカメラオブジェクトが挿入されます。ワイプを
配置したい場所に移動させたり、「カメラの形式」タブから形状を変化させたりしてカスタマイズすること
が可能です。

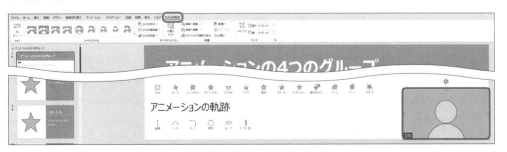

パソコンの操作画面を録画しよう

パソコンの操作を解説する際は、実際の操作画面を録画して動画化するほうがわかりやすいです。ここでは、PowerPointの「画面録画」機能を使って、操作を録画する手順を解説します。

▽ 使用するファイル：3-26-28.pptx、3-26.pptx　　▽ 作例ファイル：3章作例.pptx

パソコン画面を録画する

① 画面録画したいアプリを起動しておく

画面録画をしたいアプリなどを起動しておきます。ここでは、PowerPointの操作画面を解説したいので、別途PowerPointのファイル（3-26.pptx）を起動しています。

② 「■＋画面録画」を起動する

画面録画した動画を挿入したいPowerPointのスライド（ここではスライド12枚目）を表示し、「記録」タブの「■＋画面録画」をクリックします。

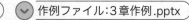

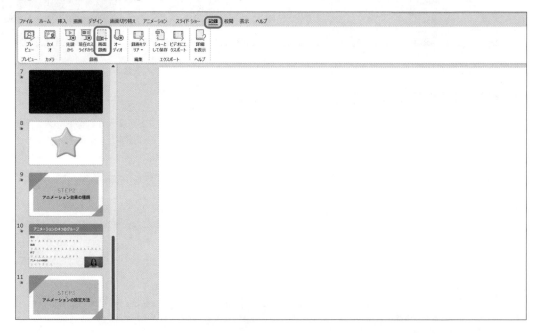

 **録画する範囲を選択する**

コントロールパネルが表示されます。「□領域の選択」をクリックし、画面をドラッグして、録画する範囲を設定します。

POINT 録画環境を設定したい

画面全体を録画したい場合は、「□領域の選択」をクリックした後に、⊞ キーと Shift キーと F キーを押すと画面全体が選択されます。また、音声を録音しない場合は「🎤オーディオ」、マウスポインターを映したくない場合は「🖱ポインターの録画」をクリックするとオフにできます。

---

(4) 録画を開始する

録画の設定が完了したら、「●録画」をクリックします。3秒のカウントダウン後に、録画が開始されます。画面を操作したり、ナレーションを吹き込んだりしましょう。

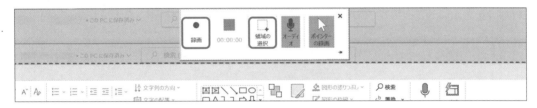

(5) 録画を終了する

画面上端にマウスポインターを動かすとコントロールパネルが再表示されます。「❚❚一時停止」をクリックすると、画面録画を一時的にストップできます。録画を終了したい場合は、■をクリックします。

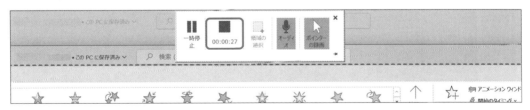

POINT 録画開始・一時停止・終了のショートカット

録画前に ⊞ キーと Shift キーと Q キーを押すと録画開始、録画中に ⊞ キーと Shift キーと Q キーを押すと一時停止、⊞ キーと Shift キーと R キーを押すと録画が終了します。

3 解説動画を作成してみよう

⑥ 自動で録画した動画が挿入される

録画を終了すると、スライドに動画が挿入されます。

⑦ 自動再生の設定を行う

「再生」タブに切り替え、「🔊開始」を「自動」にします。

⑧ 開始のタイミングを変更する

「アニメーション」タブに切り替え、「◫一時停止（メディア）」アニメーションを削除します。「▷再生（メディア）」アニメーションの「▷開始」を「直前の動作と同じ」に変更します。

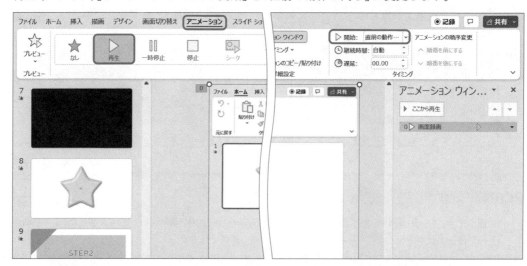

画面録画した動画を保存したい！

　画面録画した動画はスライドに直接挿入されるため、メディアファイルとして保存されません。バックアップしておきたい場合は、メディアファイル化することも可能です。

画面録画した動画を保存する

　画面録画してスライドに挿入された動画を右クリックし、表示されたメニューから「メディアに名前を付けて保存」をクリックします。任意の名前で保存するとメディアファイルが作成され、動画ファイルとして動画再生ソフトで視聴できるようになります。

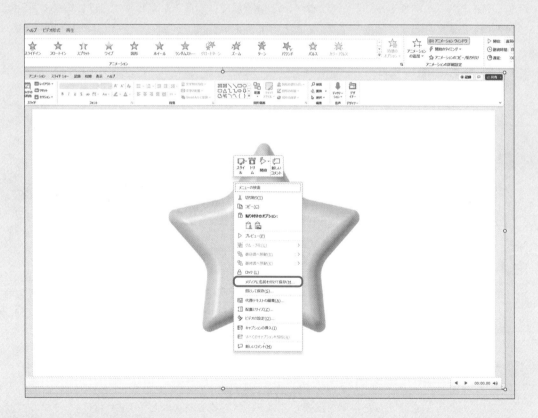

Section 27 字幕を挿入しよう

アニメーション機能を活用すると、字幕を挿入することができます。PowerPointに用意されている他の機能と組み合わせると、ナレーションのタイミングにあった字幕にすることもかんたんです。

▼ 使用するファイル：3-26-28.pptx

スライドショーの録画機能と組み合わせて字幕を挿入する

字幕のテキストに表示のアニメーションを設定しておき、スライドショーを再生しながら字幕を表示するタイミングを調整することができます。この方法では、挿入したビデオだけではなく、Sec.28で挿入する音声に合わせて字幕を作成することもできます。

① 字幕を配置する

スライドにテキストボックスなどのオブジェクトを挿入し、そのスライド（または挿入しているビデオ）で表示させたい字幕テキストを1行ずつ準備します。下図のように字幕を上下に並べておくと作業がしやすくおすすめです。

② 字幕を表示・非表示するアニメーションを設定する

最初に表示する字幕を選択し、「アニメーション」タブでアニメーションの一覧から「★フェード（開始）」を設定します。このとき、「▷開始」が「クリック時」であることを確認しておきましょう。また、「⏱継続時間」の変更が必要な場合はここで調整するとよいでしょう。

③ 表示・非表示のアニメーションをコピーする

アニメーションを設定した字幕を選択し、「✿アニメーションのコピー/貼り付け」をダブルクリックして、表示させたい順番に字幕をクリックします。すべての字幕にアニメーションをコピーできたら再度「✿アニメーションのコピー/貼り付け」をクリックしてこの作業を終了し、「⊫配置」機能などを利用して字幕を1か所に重ねて配置を整えましょう。

④ スライドショーを録画する

「記録」タブに切り替え、「🎞現在のスライドから」をクリックします。録画画面が表示されるので、カメラとマイクをオフにし、◉をクリックして録画を開始します。

⑤ 字幕のタイミングを設定する

3秒のカウントダウンの後にビデオや字幕以外のアニメーションが再生されます。字幕を表示させたいタイミングで◐をクリックするかキーボードの[→]キーを押して字幕を表示させていきましょう。録画を終了する場合は、◉をクリックして録画を終了し、「編集」をクリックしてスライドの編集画面に戻ります。

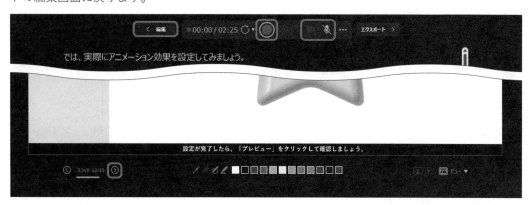

POINT　字幕のタイミングを設定してもアニメーションに変化はない

スライドショーの録画機能で字幕のタイミングを設定しても、「アニメーションウィンドウ」などの表示に変化がないため、設定がしっかりできているのか不安になってしまうかもしれません。不安な場合は、スライドショーやエクスポート（書き出し）したビデオで確認してみるとよいでしょう。ビデオの画質を低画質にしておくと、書き出しの時間が短くなります。

POINT　表示のタイミングを細かく調整したい

ここで紹介した方法はスライドショーの録画機能を利用するため、"3番目の字幕を気持ち早く表示したい"と思ったら、スライドショーの録画をやり直すしかありません。微調整には不向きなので、後から修正が必要になるかもしれない場合は、字幕のアニメーションの「▷開始」を手動で設定しておくと安全です。また、Sec.25 で紹介したワイプ映像の挿入も、同じスライドショーの録画機能を利用します。ワイプ映像を挿入しているスライドに後から字幕を追加し、スライドショーの録画機能でタイミングを設定しようとするとワイプ映像も撮り直すことになってしまいます。ワイプ映像を残しておきたい場合は、右クリック→「メディアに名前を付けて保存」を実行し、ワイプ映像を保存したビデオに差し替えるとよいでしょう。

「ブックマーク」機能と組み合わせて字幕を挿入する

　挿入したビデオに字幕を追加したい場合は「ブックマーク」機能を組み合わせて字幕の表示・非表示をコントロールすることもできます。

① ビデオにブックマークを追加する

　字幕を挿入したいビデオを選択し、「再生」タブに切り替えます。ビデオを再生し、字幕を表示させたいタイミングと字幕を消したいタイミングの2回「🖼ブックマークの追加」をクリックして、ビデオにブックマークを追加します。

（練習用ファイルには画面録画したビデオが挿入されています。）

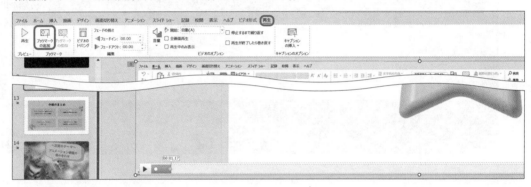

② 字幕を配置する

　テキストボックスなどを挿入し、任意の場所に字幕を配置します。

③ 字幕を表示するアニメーションを設定する

　字幕を選択した状態で「アニメーション」タブに切り替え、「⭐フェード（開始）」を設定します。「⚡開始のタイミング」をクリックし、「🖼ブックマーク時」の「ブックマーク1」を選択します。

④ 字幕を消すアニメーションを設定する

「☆アニメーションの追加」をクリックし、「★フェード（終了）」を設定します。こちらは「⚡開始のタイミング」を「ブックマーク2」にします。

⑤ アニメーションを確認する

アニメーションをプレビューして、ブックマークのタイミングで字幕が表示・非表示されることを確認します。同様の手順でブックマークを追加し、残りの字幕も設定します。

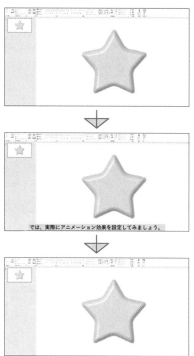

POINT 「選択」ウィンドウを活用する

字幕はアニメーションによって表示・非表示させるので、編集する際にはすべての字幕が重なって表示されます。「選択」ウィンドウで設定中の字幕以外を非表示させておくと編集しやすくなります。

3 解説動画を作成してみよう

97

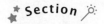

音声を収録しよう

PowerPoint には、音声録音機能も用意されています。テキストとナレーションを併用してスライドに配置すれば、よりわかりやすくなります。ここでは、音声の収録方法を解説します。

使用するファイル：3-26-28.pptx   作例ファイル：3章作例.pptx

音声を記録する

1 オーディオ録音を起動する

音声を挿入したいスライドを選択し、「記録」タブの「オーディオ」をクリックします。

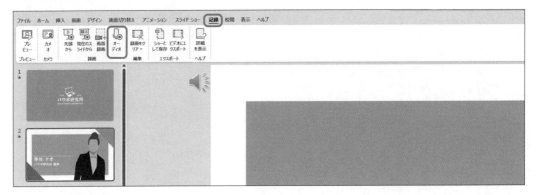

2 録音を開始する

「サウンドの録音」ダイアログボックスが表示されます。◉をクリックして、録音を開始しましょう。

3 録音を終了する

録音を終了するときは、□をクリックします。

④ 録音した音声を挿入する

録音した音声の名前を入力し、「OK」をクリックしてスライドに挿入します。

⑤ 自動再生を設定する

「再生」タブの「▷開始」が「自動」になっていることを確認し、「スライドショーを実行中にサウンドのアイコンを隠す」をオンに変更します。

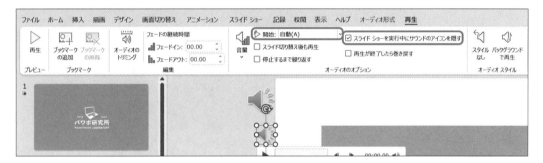

⑥ 「▷開始」を変更する

「アニメーション」タブに切り替え、「▷開始」を「直前の動作の後」に変更し、アニメーションの順番を変更します。

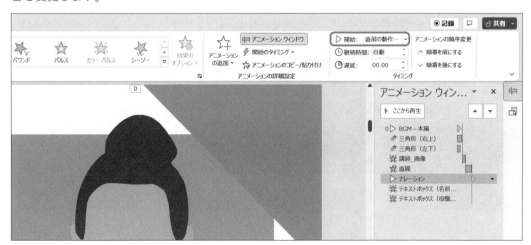

原稿を表示させておきたい！

　動画の進行やナレーションのセリフなどを書いた原稿は、常に見えるところに表示させておきたいという人も多いのではないでしょうか。このようなときは、PowerPointの「ノート」機能を活用してみましょう。

「ノート」に原稿の内容を記録する

　スライド下部にあるステータスバーで「📄ノート」をクリックすると、スライドとステータスバーの間にノートが表示されます。ノートはPowerPointのメモにあたる機能です。ここにナレーション原稿などを入力しておきましょう。

　スライドショーの録画時や動画のエクスポートの際に、ノートに入力した内容は記録されません。安心して利用しましょう。スライドショーの録画のときには、下記のように画面上部または右側にノートに入力した内容が表示されます。

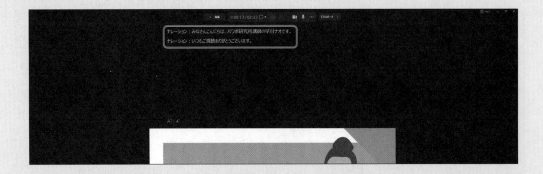

4

アニメーションを使って
動きをつけよう

テキストを順番に表示させるには?

PowerPoint のアニメーション効果を応用すれば、テキストを 1 段落あるいは 1 文字ずつ順番に表示できます。あえて可読性を制限させることで、テキストへの理解力や期待感を高められます。

⌄ 使用するファイル：4-29.pptx ⌄ 作例ファイル：4-29_ 作例 .pptx

1 段落ずつ表示させる

テキストボックスへのアニメーションには、テキストを段落ごとに表示できる機能が用意されています。各段落を表示するタイミングも制御できるので、必要に応じて調整してみましょう。

① アニメーションを適用する

「アニメーション」タブに切り替え、テキストボックスを選択し、アニメーションの一覧から任意のアニメーションをクリックします。作例では「☆ワイプ（開始）」を適用しています。

② 「☆効果のオプション」の「連続」を「段落別」に変更する

「☆効果のオプション」をクリックし、「☰段落別」をクリックします。アニメーションによっても異なりますが、表示する方向なども必要に応じて変更しておきましょう。

③ 段落ごとに動きを制御する

「アニメーションウィンドウ」で、🔽をクリックすると段落ごとのアニメーションが表示され、それぞれにアニメーションが設定できます。「▷開始」「⏱継続時間」などを変更しておきましょう。

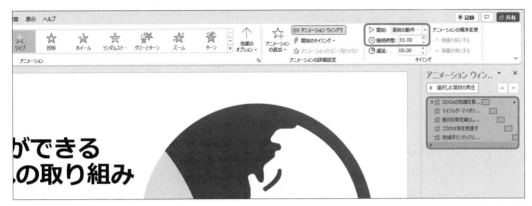

④ アニメーションを確認する

「☆プレビュー」をクリックしてアニメーションを確認しましょう。

使用するファイル：4-29.pptx　　作例ファイル：4-29_作例.pptx

1 文字ずつ表示させる

① アニメーションを適用する

「アニメーション」タブに切り替え、テキストボックスを選択し、アニメーションの一覧から任意のアニメーションをクリックします。作例では「☆ スライドイン（開始）」を適用しています。

② 効果のオプションダイアログボックスを表示する

「アニメーションウィンドウ」で ▾ をクリックし、「効果のオプション」をクリックします。

③ 「文字単位で表示」に変更する

「効果」タブの「強調」で「テキストの動作」のプルダウンから「文字単位で表示」を選択して、「OK」をクリックします。

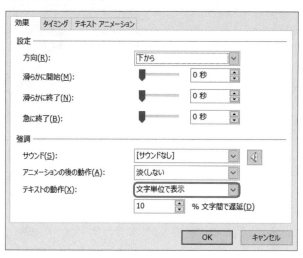

POINT 「単語単位で表示」にすると？

「テキストの動作」には「文字単位で表示」の他に「単語単位で表示」という動作もあります。例えば、「紙の印刷を減らして電子化を進める」という文章であれば、「紙」「の」「印刷」「を」「減らして」「電子化」「を」「進める」がそれぞれひとかたまりになって表示されます。

3. 紙の印刷を減らして電子化を進める

④ アニメーションを確認する

「☆プレビュー」をクリックしてアニメーションを確認
しましょう。

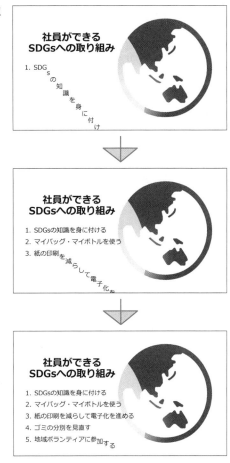

POINT 文字表示と同時にタイプライターの効果音を再生する

文字を表示するアニメーションと同時にタイプライ
ターなどの効果音を表示させたい場合は、効果のオ
プションダイアログボックスから設定することがで
きます。「効果」タブの「強調」で「サウンド」のプ
ルダウンから「タイプライター」を選択し、「OK」
をクリックしましょう。

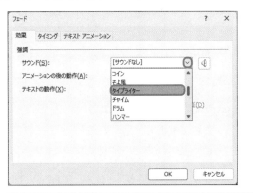

30 地図をズームしてみよう

地図を使って説明する動画では、広域地図から特定の地点へ拡大表示していく演出がよく使用されています。ここでは、広域地図のスライドに拡大地図のスライドを埋め込んで拡大できる「スライドズーム」機能を紹介します。

⌄ 使用するファイル：4-30_01.pptx ⌄ 作例ファイル：4-30_作例01.pptx

地図をズームする

① スライドに地図を配置する

スライドを2枚以上用意し、1枚目のスライドに広域地図（ここでは日本地図）、2枚目以降のスライドに拡大地図（ここでは2枚目のスライドに京都府地図、3枚目のスライドに北海道地図）を配置します。

（練習用ファイルにはすでに地図が配置されています。）

② 「🔲ズーム」を挿入する

広域地図を配置した1枚目のスライドを表示し、「挿入」タブの「🔲ズーム」をクリックして、「🔳スライドズーム」を選択します。

③ 「🔳スライドズーム」を適用する

「スライドズームの挿入」ダイアログボックスでズームしたいスライド（ここでは「2.スライド2」と「3.スライド3」）をクリックして選択し、「挿入」をクリックします。

▶地図出典：国土地理院ウェブサイト（https://maps.gsi.go.jp/）
地理院タイル（白地図）を加工して作成（以降も同様）

④ スライドズームオブジェクトの背景を削除する

1枚目のスライドに手順③で選択したスライドがスライドズームオブジェクトとして挿入されます。スライドズームオブジェクトの背景の色が表示されたままだと広域地図に拡大地図を重ねて配置するのが難しいので、「ズーム」タブの「🖼ズームの背景」をクリックし、背景を削除します。

⑤ 拡大地図を配置する

1枚目のスライドで拡大地図（スライドズームオブジェクト）の大きさや位置を調整し、広域地図の上に重ねます。

⑥ ズームオプションを調整する

「ズーム」タブで下記の項目を設定します。

A　ズームに戻る

デフォルトではオフになっています。いったんズームした後、もとの図に戻したいときはオンにします。作例では京都府地図のスライドズームオブジェクトも北海道地図のスライドズームオブジェクトもオンにしています。

B　ズーム切り替え

デフォルトでオンになります。ズームを適用したいときは必ずオンにしましょう。

C　⏱期間

ズームするスピードを設定します。期間が長いほどゆっくりズームされます。

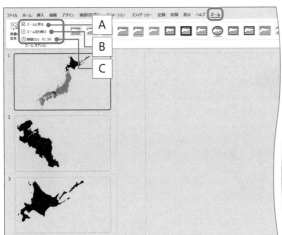
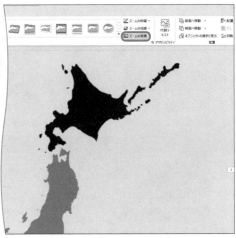

⑦ 画面切り替えを設定する

動画化したときに各スライドを表示させる時間を設定します（デフォルトの5秒で問題ない場合はこの操作は必要ありません）。「画面切り替え」タブで「クリック時」のチェックを外し、「自動」にチェックをつけて秒数を設定しましょう。作例では3枚のスライドですべて2秒に設定しています。

⑧ 動きを確認する

スライドショーで動きを確認しましょう。作例では下図のようなズームの動きになっています。

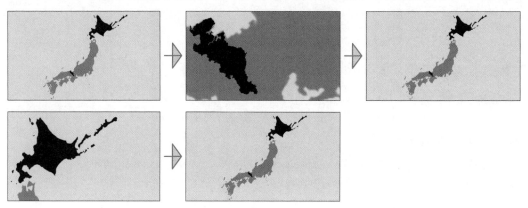

POINT ズームの順番を変えたい！

「 スライドズーム」機能でズームが実行される順番は、スライドサムネイルの順番と同じです。そのため、ズームの順番を変更したい場合はスライドの順番を入れ替えます。作例の場合だと、スライド1枚目から「日本」「京都府」「北海道」の順番にサムネイルが並んでいますが、「京都府」と「北海道」のスライドをドラッグ＆ドロップで入れ替えて「日本」「北海道」「京都府」の順番にすることで下図のようなズームの動きに変化します。

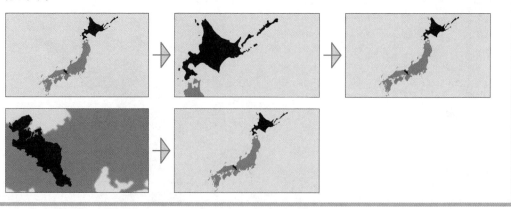

地図をズームするバリエーション

ズーム後に地図の色を変えたい

　ここまでで紹介した「■スライドズーム」機能では、スライドズームオブジェクト（作例では1枚目のスライドに表示されている京都府地図）の色は、もとのスライドでの色（作例では2枚目のスライドに表示されている京都府地図）に依存します。右の例のように、ズームの前後で拡大地図の色を変えたいときは、「■スライドズーム」機能ではなく、「画面切り替え」機能の「■変形」を使用するとよいでしょう。右の例では1枚目のスライドに日本地図と同色の京都府地図を直接重ねて配置し、スライドを複製。2枚目のスライドの京都府地図の色を変更して大きさを調整しました。こうすると、「画面切り替え」機能の「■変形」で「■スライドズーム」と同じような効果を出すことができ、さらに色を自然に切り替えることが可能になります。

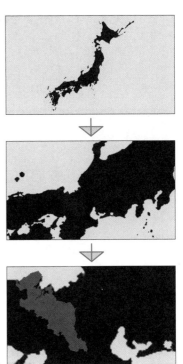

▶「■変形」で「■スライドズーム」の効果を再現

周囲の地図を表示したくない

　「■スライドズーム」を使った動きの場合、拡大地図の周囲も背景として引き延ばされます。拡大後は拡大地図だけを表示したい、という場合は「■スライドズーム」ではなく、上記の「画面切り替え」機能の「■変形」を採用し、背景の広域地図を削除しておくのも1つの手です。

▲ズーム　　　　　　　　　　　　　　　　　　　　▲変形

31 地図にルートを表示させよう

PowerPointでは、地図の出発地点から目的地点まで移動しているように見せるアニメーションを作成できます。ルートを説明する動画で活用すると、非常にわかりやすく魅力的に仕上がります。

🔽 使用するファイル：4-31.pptx　🔽 作例ファイル：4-31_作例.pptx

地図にルートを表示させるアニメーション

① スライドに目的地までの経路がわかる地図を配置する

Webブラウザーで地図サービスにアクセスし、出発地点から目的地周辺までが表示されている地図をダウンロードして、スライドに挿入します。地図サービスによってはキャプチャなどを禁止していたり、使用方法を制限したりしていることがあるので注意しましょう。

② ルートを描画する

地図上の出発地点と目的地にアイコン・図形・画像などを配置してわかりやすくしたら、「挿入」タブの「🖱図形」から「＼線」や「🖋フリーフォーム：図形」をクリックし、地図上にルートを描画します。

（練習用ファイルにはすでに図形などが配置され、ルートが描画されています。）

◀背景地図出典：国土地理院ウェブサイト
（https://maps.gsi.go.jp/）

POINT　ルートのオブジェクトを分ける

ルートの途中で東西南北（地図上の進む向き）が変わる場合は、後で「★ワイプ（開始）」アニメーションを適用することを考慮してオブジェクトを分けると、アニメーションがきれいに描画されます。

---

③ ルートに「⭐ワイプ（開始）」を適用する

ルートを選択し、「アニメーション」タブから「⭐ワイプ（開始）」を適用します。さらに、「⭐効果のオプション」をクリックし、出発地点から目的地点までの軌跡が順に表示されるよう方向を変更します。

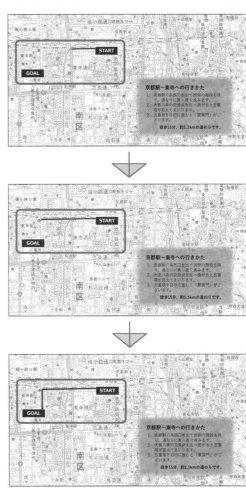

ルート上をアイコンが移動するアニメーション

前ページまでに作成したアニメーションに人や車などのアイコンを追加して、ルート上を移動しているような動きを追加しましょう。

1 出発地点にアイコンを挿入する

人や車などのアイコンを出発地点に重ねるようにして配置します。

（練習用ファイルには人のアイコンが非表示状態で挿入されています。）

2 アイコンに「 ユーザー設定パス（アニメーションの軌跡）」を適用する

アイコンを選択した状態で「アニメーション」タブに切り替え、アニメーションの一覧の ▽ をクリックし、「 ユーザー設定パス（アニメーションの軌跡）」を選択します。

3 ルートに沿ってドラッグする

ルート上を進むように、軌跡を描画していきます。描画を終了するときは、ダブルクリックします。

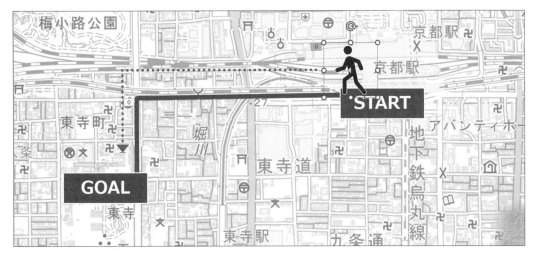

POINT　軌跡の基準

「アニメーションの軌跡」で動きの基準になるのは、アイコンの中心点です。作例のようにルート上をアイコンが動く場合、ルート上に軌跡を描いていくのではなく、上図のようにルートの外側に軌跡を描くとよいでしょう。

4 「▷開始」と「⏱継続時間」を調整する

「アニメーション」タブで「▷開始」と「⏱継続時間」を変更します。作例では「▷開始」を「直前の動作の後」、「⏱継続時間」を5秒にしています。

POINT　開始と終了の滑らかさ

「アニメーションウィンドウ」から効果のオプションダイアログボックスを表示すると、「効果」タブの「設定」に「滑らかに開始」と「滑らかに終了」という項目があります。アイコンの移動速度が部分的に速いまたは遅いと感じる場合は、この項目を調整してみましょう。作例では、道を曲がってからが少し遅く感じたので、「滑らかに終了」を短めに設定しています。

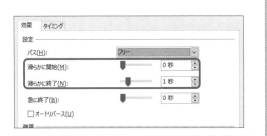

32 動画の動きに合わせて 商品の値段を表示させよう

ここでは、PowerPointへ挿入した動画の動きに追随し、商品の値段などの情報を順番に表示していくアニメーションを作成します。

⌄ 使用するファイル：4-32.pptx　　⌄ 作例ファイル：4-32_作例.pptx

動画に合わせてテキストを移動させる

① スライドに動画を挿入する

「挿入」タブの「□ビデオ」をクリックし、動画をスライドに挿入します（ビデオを挿入する方法の詳細はSec.38を参照しましょう）。

② 動画の開始のタイミングを変更する

動画を選択した状態で「アニメーション」タブに切り替え、「▷開始」を「直前の動作と同時」に変更しておきます。

③ テキストと矢印を配置する

テキストボックスを挿入し、商品の名前や説明などを入力して配置します。続いて、商品を指す矢印を配置します。今回はテキストと矢印にまとめてアニメーションを適用するので、グループ化しておくと扱いやすくなります。少し難しいですが、それぞれにアニメーションを適用する場合は、グループ化する必要はありません。

（練習用のファイルには動画、テキスト、矢印が配置されています。）

④ 「☆フェード（開始）」を適用する

テキストと矢印のグループを選択した状態で「アニメーション」タブに切り替え、アニメーションの一覧から「☆フェード（開始）」をクリックして適用します。

⑤ 「☆フェード（開始）」のタイミングを変更する

自動でフェードを再生したいので、「▷開始」を「直前の動作と同時」に変更しておきます。また、作例では動画に合わせて「⏱継続時間」を0.25秒、「🕐遅延」を1秒に設定しています。

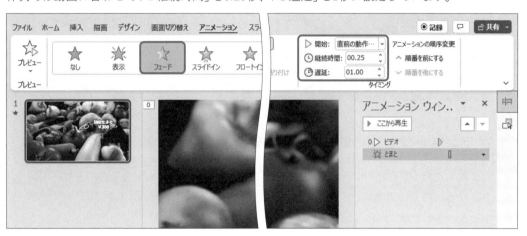

⑥ 「アニメーションの軌跡」を追加する

「☆アニメーションの追加」をクリックし、「アニメーションの軌跡」の中からカメラの動きにあったアニメーションを選択します。オブジェクトが直線に動くなら「↓直線（アニメーションの軌跡）」、カーブするなら「⌒アーチ（アニメーションの軌跡）」などがよいでしょう。作例では「↓直線（アニメーションの軌跡）」を選択します。

⑦ 軌跡の描画を調整する

カメラの動きに合わせ、軌跡の描写の終了位置を調整します。

⑧ 「アニメーションの軌跡」のタイミングを調整する

テキストと矢印が「★フェード（開始）」で表示されたと同時に動かしたいので、「▷開始」を「直前の動作と同時」、「🕐遅延」を1秒に変更しておきます。「🕐継続時間」も動画に合わせて設定しましょう。作例では3.25秒としました。

POINT 動画を確認しながら継続時間を調整する

動画にマウスポインターを合わせると、画面下部に再生ボタン・一時停止ボタンとシークバーが表示されます。再生ボタンをクリックすると動画が再生され、シークバーにマウスポインターを合わせると経過時間が表示されます。動画の時間と照らし合わせながら継続時間を設定すると、よりアニメーションの精度が高まります。

⑨ 「★フェード（終了）」を適用する

「☆アニメーションの追加」をクリックし、「★フェード（終了）」をクリックして適用します。

⑩ 「★フェード（終了）」のタイミングを調整する

「▷開始」を「直前の動作と同時」、「⏱継続時間」を0.25秒に変更します。「🕒遅延」は「アニメーショ
ンの軌跡」で設定した継続時間（3.25秒）から、ここで設定した「★フェード（終了）」の継続時間
（0.25秒）を差し引いた秒数（3秒）にすると自然です。作例の場合は、「★フェード（開始）」と「ア
ニメーションの軌跡」に1秒の遅延を設定したため、その秒数を足して4秒としています。

33 アニメーションをループさせよう

アニメーションを適用しても、通常は1回しか再生されません。しかし、PowerPointで繰り返しの設定を変更すれば、動画の最後までループ再生させることができます。ここでは、図形やフレームをループさせてみましょう。

使用するファイル：4-33_01.pptx　　作例ファイル：4-33_作例01.pptx

図形が流れ続けるアニメーション

1 スライドに図形を挿入する

図形を挿入して大きさや色などを調整します。自然なループになるよう、図形はスライドの枠外にぴったり沿うように配置しましょう。

（練習用ファイルには車のオブジェクトが配置されています。）

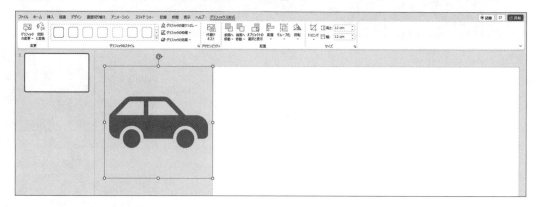

2 アニメーションを適用する

ここでは車が左から右に走る動きを設定します。図形を選択した状態で「アニメーション」タブに切り替え「↕直線（アニメーションの軌跡）」を適用します。

3 「✿効果のオプション」を変更する

「✿効果のオプション」で「↔直線（右へ）」を選択し、軌跡の描画の終了位置がスライドの枠外右になるように調整します。

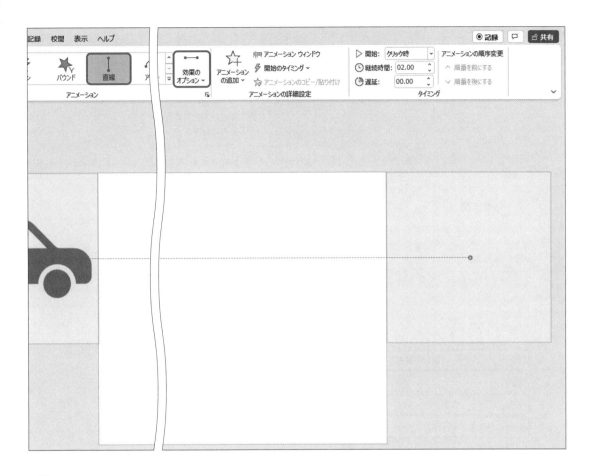

4 効果のオプションダイアログボックスを開く

「アニメーションウィンドウ」で ▼ をクリックし、「効果のオプション」をクリックします。

5 「滑らかに開始」「滑らかに終了」を調整する

「効果」タブで「滑らかに開始」と
「滑らかに終了」のバーを左方向
に動かし、「0秒」に変更します。
これで図形の動きが等速直線運
動になります。

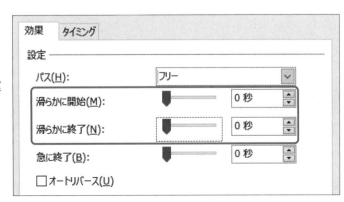

⑥ ループを設定する

効果のオプションダイアログボックスで「タイミング」タブに切り替え、下記を設定したら「OK」
をクリックしましょう。

A　開始

「アニメーション」タブにある「▷開始」と同様です。どちらで設定しても問題ありませんが、ルー
プさせたい場合は「直前の動作と同時」にします。

B　継続時間

「アニメーション」タブにある「⏱継続時間」と同様です。ここでは5秒に設定します。

C　繰り返し

プルダウンから「スライドの最後まで」を選択します。

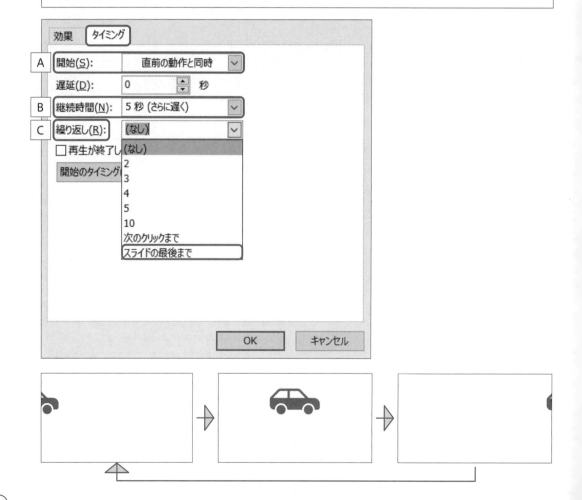

スライド内から図形が流れるアニメーション

車をもう1台増やしてスライドの中から外に流れてループするアニメーションを設定してみましょう。

① 図形をコピーする

ここまで設定した車のオブジェクトを[Ctrl]キーと[Shift]キーを押しながら真下にドラッグしてコピーし、任意で色を変更します。このようにしてオブジェクトを複製すると、アニメーションもコピーされます。

② コピーした図形をさらに複製する

コピーした車のオブジェクトを[Ctrl]キーと[Shift]キーを押しながら今度はスライド枠外右側にドラッグしてコピーします。左側の車の「↕ 直線（アニメションの軌跡）」の軌跡の描画の終了位置と右側の車の位置が同じになるように調整しましょう。

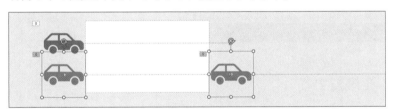

③ 図形のスタート位置を調整する

下側の車2台を選択し、右側の車がスライド内に収まるように配置します。

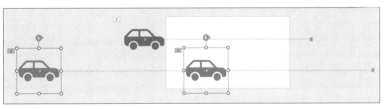

フィルムフレームが動くアニメーション

① フィルムフレームを作成する

下図のようなフィルムフレームを事前に作成しておきます。今回は左右のフィルムにそれぞれアニメーションを設定し、下から上に流れ続けるアニメーションを作成します。

（練習用ファイルには下図のフィルムフレームが作成されています。）

② 左側のフィルムを複製する

まずは左側のフィルムから動きを設定していきます。左側のフィルムを複製します。

③ 左のフィルムの片方に「☆スライドイン（開始）」を適用する

左側のフィルムの片方を選択した状態で「アニメーション」タブに切り替えて、「☆スライドイン（開始）」を適用します。

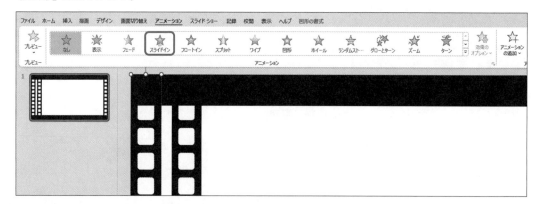

④ もう片方の左側のフィルムに「☆スライドアウト（終了）」を適用する

左側のフィルムのもう片方を選択した状態で「アニメーション」タブから「☆スライドアウト（終了）」を適用します。

⑤ 「☆スライドアウト（終了）」の方向を変更する

「☆スライドアウト（終了）」はデフォルトの向きが「↓下へ」になっているので、「⚙効果のオプション」をクリックし、「↑上へ」に変更します。

⑥ 左側のフィルムのループを設定する

「アニメーションウィンドウ」で左側の2つのフィルムに設定したアニメーションを両方選択し、右クリックして「タイミング」を選択します。効果のオプションダイアログボックスの「タイミング」タブが表示されるので、120ページと同様に設定します。

⑦ 左側の2つのフィルムを重ねる

アニメーションの設定が終わったら、左側のフィルムを両方選択し、「図形の書式」タブで「🗗配置」→「🗗左揃え」を選択し、スライドの左側に重なった状態で配置します。

⑧ 右側のフィルムにもアニメーションを設定する

右側のフィルムも左側と同様にアニメーションを設定します。

POINT フィルムフレームの活用方法

作成したフィルムフレームの中央のスペースには、動画を入れるのがおすすめです。例えば、写真のスライドショー動画を入れて結婚式のプロフィールムービーにしたり、セピア調に加工した動画を入れてオールドムービー風にしたり、活用方法はアイデア次第です。

作例ファイル：4-33_ 作例 03.pptx

ループアニメのバリエーション

雪が降ってくるアニメーション

　雪の図形を複数作成し、「✿効果のオプション」を「↓直線（下へ）」に変更した「↓直線（アニメーションの軌跡）」と「繰り返し（スライドの最後まで）」を設定すると、延々と雪が降ってくるアニメーションになります。雨や流れ星にも応用可能です。

複数の車が行き交う道

　車のイラストそれぞれに「✿効果のオプション」を「↔直線（左へ）」「↔直線（右へ）」に変更した「↓直線（アニメーションの軌跡）」を適用し、繰り返しを設定することで、道路を行き交う車のアニメーションを作成できます。「⏱継続時間」や「⏱遅延」をずらしておけば、より自然な演出になります。

⌄ 読み込み画面

　円形オブジェクトに「✦スピン（強調）」アニメーションを適用し、繰り返しを設定することで、読み込み画面のようなアニメーションが作成できます。中央のオブジェクトにも動きを設定するのもおすすめです。

⌄ ネオンループ

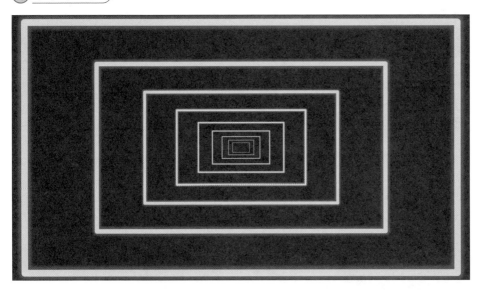

　一定の拡大・縮小率で複製した図形に「✦拡大/収縮（強調）」のアニメーションを設定すると、図形が拡大しながら迫ってくるアニメーションが作成できます。「✦拡大/収縮（強調）」は効果のオプションダイアログボックスから拡大率をカスタマイズできます。

Section 34 カウントダウンアニメーションを作成してみよう

PowerPoint では、タイマーのように順番に数字が表示されていくカウントダウンアニメーションも作成できます。動画本編前に使用することで、期待感を高める演出にもなります。

⌄ 使用するファイル：4-34_01.pptx   ⌄ 作例ファイル：4-34_作例01.pptx

カウントダウンアニメーションの作成

ここでは、上記のようにカウントダウンが変化するアニメーションを作成していきます。

① 数字の図形を準備する

数字の図形を事前に準備しておきます。5秒カウントなら1〜5の5つ、というように必要な分の図形とスライドを作成しましょう。作例では3秒カウントで作成しています。

（練習用ファイルには3秒カウントに必要な図形とスライドが作成されています。）

② アニメーションを適用する

最初に表示する数字の図形を選択し、「アニメーション」タブから「★ホイール（終了）」を適用します。なお、作例では下記画像のサムネイルに表示されている各スライドの2つの数字の図形の内、左側だけにアニメーションを設定しています。

③ 最初の数字のアニメーションのタイミングを設定する

作例の「3」の数字のアニメーションを調整します。「アニメーション」タブで「▷開始」を「直前の動作と同時」、「⏱継続時間」を1秒に設定します。

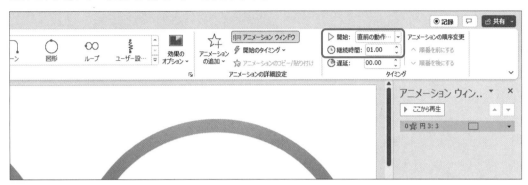

④ その他の数字のアニメーションのタイミングを設定する

作例の「2」と「1」のアニメーションを調整します。「▷開始」を「直前の動作と同時」、「⏱継続時間」を0.75秒に設定します。

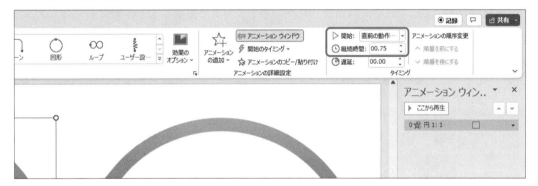

⑤ 数字の画像を重ねる

アニメーションの設定は完了です。各スライドの2つの数字の図形を選択し、「図形の書式」タブで「🖼配置」→「⬚左右中央揃え」や「⬚上下中央揃え」を選択し、画像を重ねましょう。

POINT 図形の重ね順に注意

作例のようにアニメーションを設定した図形が消えるようにするには、左側の図形を前面に配置する必要があります。

---

⑥ 最初の数字の画面切り替えを設定する

作例の「3」の数字の画面切り替えのタイミングを設定します。「画面切り替え」タブに切り替え、「画面切り替えのタイミング」で「クリック時」のチェックを外し、「自動」にチェックをつけて1秒に設定します。画面切り替え効果は「□なし」のままにしておきましょう。

⑦ その他の数字の画面切り替えを設定する

作例の「2」と「1」の数字の画面切り替えのタイミングを設定します。画面切り替え効果に「▣フェード」を設定し、「⏱期間」を0.25秒にします。「画面切り替えのタイミング」では「クリック時」のチェックを外し、「自動」にチェックをつけて0.75秒に設定しましょう。

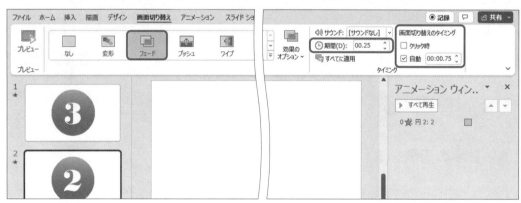

POINT 画面切り替えのタイミングとアニメーションの継続時間

その他の数字のスライドには画面切り替え効果をつけているので、画面切り替え期間と画面切り替えのタイミングの合計が1秒になるようにしています。また、アニメーションは画面切り替え後に再生されるので、画面切り替えのタイミングに設定した秒数よりも継続時間が短くなるようにするとよいでしょう。

⌄ 作例ファイル：4-34_作例02.pptx

カウントダウンアニメーションのバリエーション

⌄ アニメーション機能だけでカウントダウン

　数字だけを変えた図形を重ねてアニメーションを設定すると、中の数字だけが変化する効果を出すことができます。適用するアニメーションは、上下左右に激しく動かないものがおすすめです。下の例では「★コラプス（終了）」を適用しています。

⌄ タイマー型のカウントダウン

　1秒ごとに数字が切り替わるタイマー型のカウントダウンも、アニメーション機能を使えば工夫次第で作成が可能です。タイマー終了時に音をつけたい場合は、アニメーションの最後に「表示」アニメーションを追加し、効果のオプションダイアログからサウンドを追加することもできます。

Section 35 スクローリングナンバー アニメーションを作成してみよう

「直線（アニメーションの軌跡）」を応用すれば、スロットのように数字が自動的にスクロールする本格的なアニメーションも作成できます。とても格好いいアニメーションなので、チャレンジしてみましょう。

⌄ 使用するファイル：4-35.pptx ⌄ 作例ファイル：4-35_作例.pptx

スクローリングナンバーアニメーション

① 数字を入力する（十の位）

テキストボックスを挿入し、数字の「0」を入力します。フォントの種類・色・大きさは好みのものに変更しておきましょう。ガイドに沿って数字を配置し、改行しながら数字を順番に入力していきます。ここでは、最終的に「35」と表示させたいので、十の位は0〜3までを入力しました。

② 数字を入力する（一の位）

十の位を入力したテキストボックスをコピーし、一の位とします。一の位は最終的に「35」になるまで0〜9の数字を繰り返し入力していきます。入力後は、十の位と合わせて配置も調整しておきましょう。

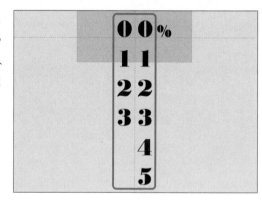

（練習用ファイルには十の位と一の位の数字が配置されています。）

POINT ガイドを表示する

スクローリングナンバーは数字の位置調整が必要なので、ガイドを表示しておくとよいでしょう。「表示」タブの「ガイド」にチェックを入れると、ガイドが表示されます。ガイドにマウスポインターを合わせてドラッグすると、動かすことができます。

③ 十の位に「↕直線（アニメーションの軌跡）」を適用する

十の位のテキストボックスを選択し、「アニメーション」タブでアニメーションの一覧の▽をクリックし、「↕直線（アニメーションの軌跡）」をクリックして適用します。

④ 十の位の「☆効果のオプション」を変更する

「☆効果のオプション」をクリックし、「↕直線（上へ）」に変更します。軌跡の描画の終了位置を上方向にドラッグし、軌跡の始まりの「0」と軌跡の終わりの「3」が重なる位置に調整します。[Shift]キーを押しながらドラッグすると、真っ直ぐに移動します。

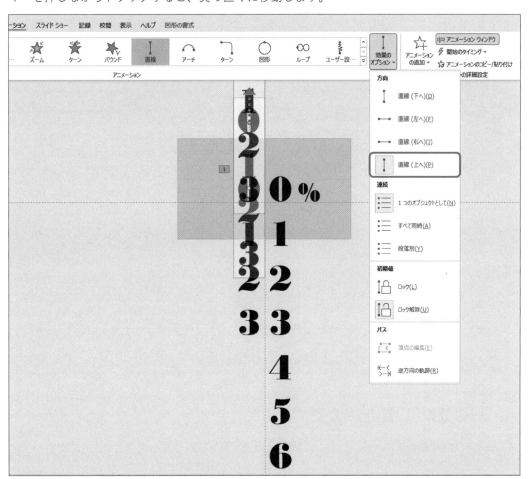

⑤ 十の位の「▷開始」を変更する

十の位の「↕直線（アニメーションの軌跡）」の「▷開始」を「直前の動作と同時」に変更します。

⑥ 一の位に「↕ 直線（アニメーションの軌跡）」を適用する

一の位のテキストボックスにも「↕ 直線（アニメーションの軌跡）」を適用します。

⑦ 一の位の「☆効果のオプション」を変更する

「☆効果のオプション」を「↕ 直線（上へ）」に変更します。一の位も十の位と同様に軌跡の始まりの「0」と軌跡の終わりの「5」が重なるように調整します。

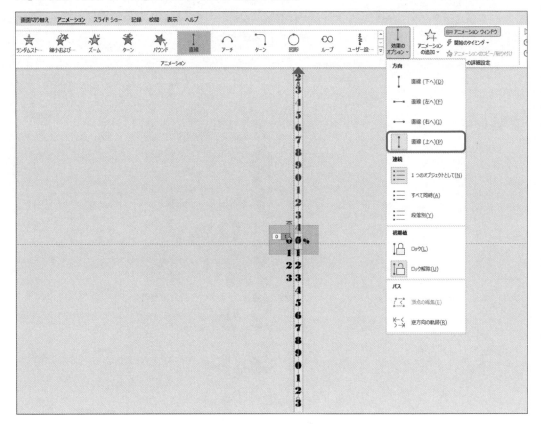

⑧ 一の位の「▷開始」を変更する

一の位の「↕ 直線（アニメーションの軌跡）」の「▷開始」を「直前の動作と同時」に変更します。

⑨ 一の位と十の位の「🕐継続時間」を調整する

「☆プレビュー」でアニメーションを確認しながら「🕐継続時間」を調整します。一の位の継続時間と十の位の継続時間は同じ長さにしましょう。作例では5秒に設定しました。

⑩ 長方形を配置して表示を隠す

アニメーションを設定し終わったら、背景と同じ色の長方形を数字の上下に配置して、上下に流れる数字を隠しておきます。

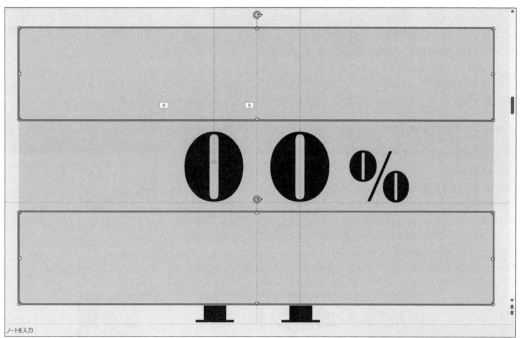

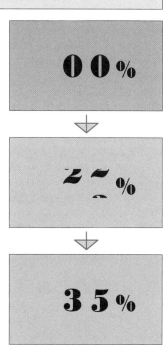

★ Section 36 検索アニメーションを 作成してみよう

テレビ CM では、検索バーにキーワードを入力し自社サイトへ誘導する演出がよく使われています。Web との連動を一目でアピールできるので、PowerPoint 動画にもこのような検索アニメーションを取り入れてみましょう。

🔽 使用するファイル：4-36.pptx   🔽 作例ファイル：4-36_作例.pptx

検索アニメーションを作成する

① 必要なオブジェクトを配置する

検索アニメーションで使用するオブジェクトを事前に準備しておきます。検索バー、検索ボタン、キーワードのテキストボックス、マウスポインターのアイコンなどがあればよいでしょう。

（練習用ファイルにはオブジェクトが下図のように配置されています。）

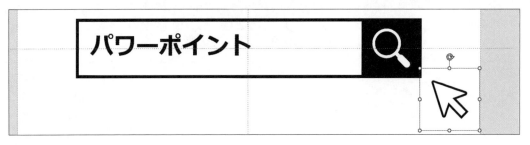

② テキストボックスに「★表示（開始）」を適用する

キーワードのテキストボックスを選択し、「アニメーション」タブに切り替えます。アニメーションの一覧から、「★表示（開始）」をクリックて選択します。

③ 「テキストの動作」を「文字単位で表示」にする

「アニメーションウィンドウ」から効果のオプションダイアログボックスを表示し、「効果」タブの「テキストの動作」のプルダウンをクリックして、「文字単位で表示」を選択します。その下の項目は1文字あたりの表示時間です。任意の秒数を入力しましょう。

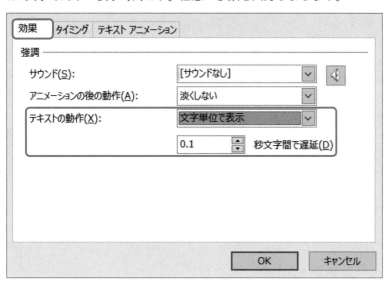

④ 開始のタイミングを変更する

「タイミング」タブに切り替え、「開始」を「直前の動作と同時」に変更します。変更が終了したら「OK」をクリックして変更を適用します。

⑤ マウスポインターのアイコンに「↕直線（アニメーションの軌跡）」を適用する

マウスポインターのアイコンを選択し、「アニメーション」タブでアニメーションの一覧の▾をクリックし、「↕直線（アニメーションの軌跡）」を選択して適用します。

⑥ 軌跡の方向を変更する

「⭐効果のオプション」をクリックして「↕直線（上へ）」を選択します。検索ボタンをクリックする演出にしたいので、軌跡の描画の終了位置を左斜め上にドラッグして調整します。

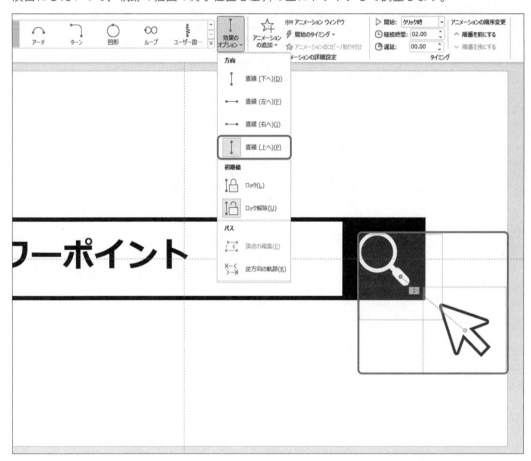

⑦ 検索ボタンに「⭐塗りつぶしの色（強調）」を適用する

検索ボタンの上にマウスポインターのアイコンが重なった後に色が変わる演出をしたいので、検索ボタンにアニメーションを設定します。検索ボタンを選択し、「アニメーション」タブでアニメーションの一覧の▾をクリックして、「⭐塗りつぶしの色（強調）」を選択して適用します。

⑧ 「☆効果のオプション」で色を選択する

「☆効果のオプション」をクリックし、カラーパレットからマウスポインターのアイコンが重なった後の色を選択しましょう。検索バーの枠線より明るい色を選択すると実際の挙動に近くなって自然です。

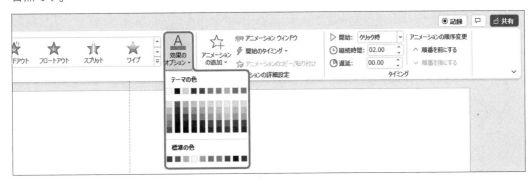

⑨ 「▷開始」と「🕐継続時間」を変更する

「▷開始」を「直前の動作の後」に変更します。クリックしたタイミングでボタンの色が変わるように見せたいので、「🕐継続時間」は0.25秒に変更します。

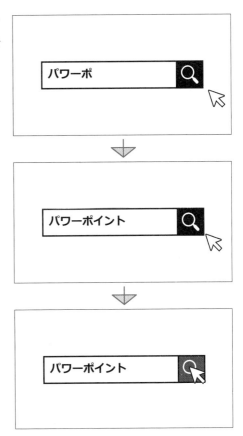

⊙ 作例ファイル:4-36_作例.pptx

検索アニメーションのアイデア

⊙ 検索バーのデザイン

検索バーのデザインは、本項の解説で使用したもの以外にもさまざまなバリエーションがあります。例えば、「◔図形」の「▢四角形:角を丸くする」で角を最大まで丸くしたり、「検索」という文字を入れたりなど自由に作成してみましょう。また、色を変えるのも効果的です。

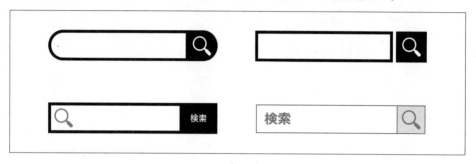

⊙ 効果音をつける

テキストボックスのアニメーション再生時に、キーボードをタイピングしている効果音をつけると、リアルな雰囲気が出ます。効果音は、効果のオプションダイアログボックスで「効果」タブの「サウンド」のプルダウンに表示されるリストから選択できます。おすすめは「クリック」や「タイプライター」です。録音したキーボード音を使用する場合は、「サウンド」のプルダウンから「その他のサウンド」を選択すると、録音したオリジナルの効果音をつけられます。

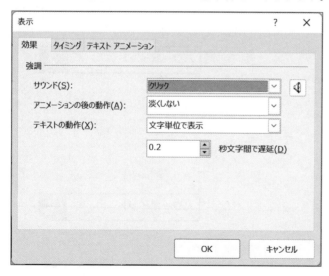

◯ テキスト入力中の動きを録画して使用する

　アニメーションで文字を1文字ずつ表示させるのではなく、実際にタイピングしているときのように、ローマ字表示からひらがなになり、変換が行われるという動きをアニメーションだけで再現することは難しいです。しかし、「画面録画」機能を活用すると、入力中の様子を録画して埋め込むことでかんたんにその動きを採用することができます。

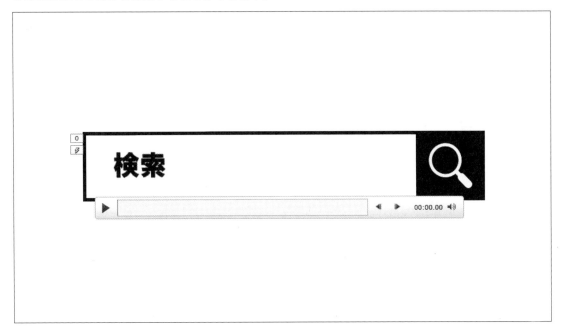

◯ 検索ボタンのアニメーションをバージョンアップさせる

　作例では検索ボタンの色をシンプルに1度変更させましたが、マウスポインターが重なったタイミングとボタンをクリックしたタイミングの2回色を変えると、より自然な動きになります。また、検索のアイコンの色を合わせて変更させるのもよいでしょう。

37 手書きアニメーションを作成してみよう

手書き風の文字が描かれていくアニメーションは、おしゃれで大変人気が高いです。実は、専用ソフトを使わなくても、PowerPointで手書き風文字のアニメーションを再現できます。なお、この機能は「PowerPoint for Microsoft 365」「PowerPoint 2021」で利用できる機能となっています。

⌄ 使用するファイル：4-37.pptx　　⌄ 作例ファイル：4-37_作例.pptx

描画で手書き文字風アニメーションを作成する

① 「描画」タブでペンの太さと色を設定する

「描画」タブをクリックし、「描画ツール」からペンの種類を選択します。選択したペンの右側に表示される⌄をクリックすると、ペンの太さや色を設定できます。手書き文字を書く前に設定を変更しておきましょう。

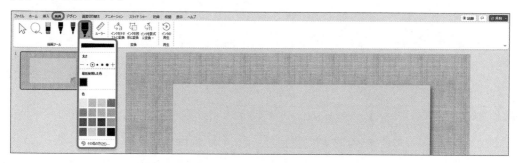

POINT 「描画」タブがない場合は？

「描画」タブが表示されていない場合は、「ファイル」タブの「オプション」をクリックして「PowerPointのオプション」ダイアログボックスを表示します。左側のメニューから「リボンのユーザー設定」をクリックし、右側の「リボンのユーザー設定」で「メインタブ」の一覧から「描画」のチェックボックスをクリックしてオンにします。「OK」をクリックすると、「描画」タブが追加されます。

---

② 手書き文字を描く

マウスやタッチペンなどを使い、スライドに手書き文字を描きます。描き終わったら、「描画ツール」の「↳ 選択」をクリックして描画を終了します。

（練習用ファイルには手書き文字が作成されています。）

POINT 描画中に間違えてしまった場合は？

手書き文字を描画中に間違えてしまった場合は、「描画ツール」で「▮ 消しゴム」に切り替えるか、Ctrl キー + Z キーのショートカットを使って 1 つ前の作業に戻りましょう。

---

③ 手書き文字をグループ化する

手書き文字を全選択して、「図形の書式」タブで「⊞ グループ化」をクリックし、「⊞ グループ化」を選択します。

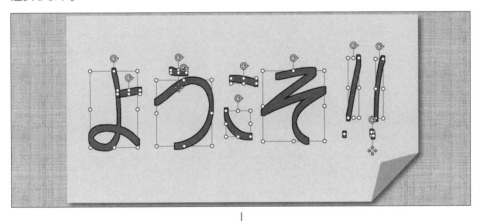

④ 「▷再生（インク）」を適用する

「アニメーション」タブに切り替え、アニメーションの一覧から「▷再生（インク）」をクリックして適用します。

⑤ 「⏱継続時間」を調整する

手書きした順番に軌跡が描かれるアニメーションが設定されます。描かれる速度が速いと感じる場合は「⏱継続時間」を長くすると、ゆっくりになります。

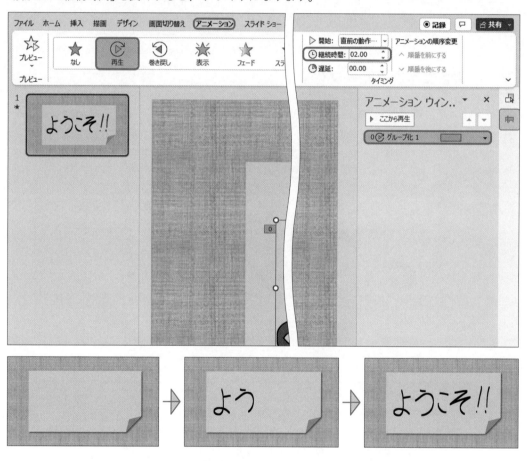

POINT パーツごとに速度を調整したい

一部の文字パーツの速度を調整したいときは、パーツごとに「▷再生（インク）」アニメーションを設定します。手順③でグループ化せずにアニメーションを設定すると、パーツごとにアニメーションが生成されるので、「▷開始」や「⏱継続時間」をそれぞれ設定しましょう。

5

ビデオで動画を
華やかにしよう

ビデオを挿入しよう

PowerPoint は、画像などの素材だけでなく、ビデオ素材も挿入できます。テキストや静止画のような視覚情報だけでなく、聴覚にもアピールできるので印象に残りやすくなります。不要な部分はカット（トリミング）も可能です。

パソコンに保存しているビデオを挿入する

① 「挿入」タブに切り替える

ビデオ素材を挿入したいスライドを選択し、「挿入」タブに切り替えます。「□ ビデオ」をクリックし、「🖳 このデバイス」をクリックします。

② 挿入したいビデオ素材を選択する

「ビデオの挿入」ダイアログボックスが表示されます。保存場所を開き、動画素材を選択して「挿入」をクリックします。

③ ビデオが挿入される

ビデオ素材がスライドに挿入されます。ビデオの大きさは、スライドの大きさに合わせて自動的に調整されます。

ビデオ素材を使用する

① 「🎦 ストックビデオ」を選択する

「挿入」タブで「🎦 ビデオ」をクリックし、メニューから「🎦 ストックビデオ」をクリックします。

② ビデオを選択する

Microsoftのビデオライブラリが表示されます（タイミングによって表示される動画の順番は異なります）。挿入したいビデオをクリックして選択し、「挿入」をクリックします。

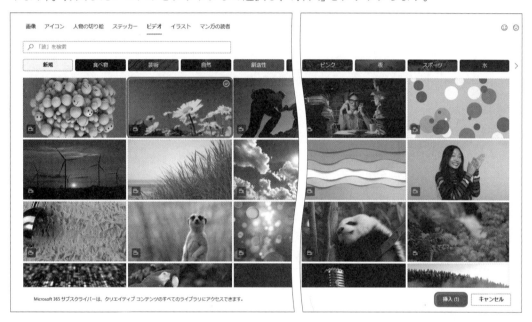

③ ビデオが挿入される

ビデオ素材がスライドに挿入されます。パソコンに保存しているビデオ素材と同様に、大きさはスライドの大きさに合わせて自動的に調整されます。

POINT オンラインビデオとは

「🎦 ビデオ」のメニューで「🎦 オンラインビデオ」をクリックすると、YouTube などの動画を挿入できます。しかし、こちらは商用で利用できない場合もあるため、引用目的でないのであれば、ストックビデオを使用することをおすすめします。

ビデオをカット（トリミング）する

　ビデオやオーディオ、画像などの不要部分をカットして短く（小さく）編集することをトリミングといいます。ここでは、スライドに挿入した動画をトリミングする方法を紹介します。

① 「🎞ビデオのトリミング」をクリックする

　スライドに挿入した動画を選択した状態で「再生」タブに切り替え、「🎞ビデオのトリミング」をクリックします。

② 不要な部分をカットする

　「ビデオのトリミング」ダイアログボックスが表示されます。開始部分をカットしたい場合は緑色のマークを右方向にドラッグ、終了部分をカットしたい場合は赤色のマークを左方向にドラッグして調整します。再生ボタンをクリックするとビデオが再生され時間が表示されるので、「開始時間」「終了時間」にそれぞれ時間を入力しても調整が可能です。編集が完了したら「OK」をクリックしてトリミングを確定しましょう。

トリミングしたビデオを保存する

トリミング編集して短くしたビデオは「📹ビデオのトリミング」から再編集したり、もとの長さに戻したりすることが可能です。しかし、それなりに長さのあるビデオを何本も挿入したり、加えてアニメーションをたくさん設定したりすると、ファイルはその分重たくなり、場合によってはPowerPointがスムーズに動かなくなってしまうことがあります。イメージ通りにビデオの編集ができたらトリミングでカットした箇所を削除してファイルを軽くするのも1つの手です。

(1) 「📹 メディアの圧縮」を行う

「ファイル」タブをクリックし、メニューから「情報」を選択して、「📹メディアの圧縮」をクリックしたら、動画の品質を選択します。

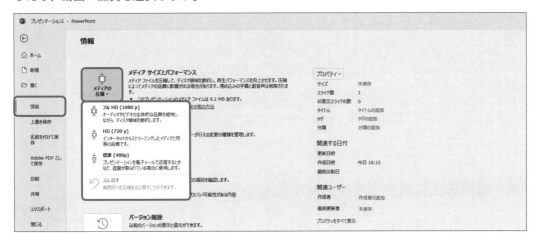

(2) 動画素材が圧縮される

品質を選択すると動画の圧縮が自動で開始されます。動画が長いと圧縮が完了するまで少し時間がかかるので、この画面のまま待ちましょう。圧縮が完了したら、「閉じる」をクリックして画面を閉じ、⊖をクリックしてスライドの画面に戻ります。

POINT 圧縮するともとに戻せない

「📹メディアの圧縮」を行うと、PowerPoint上でビデオ素材をもとの長さに戻すことができなくなります。また、この操作はファイルに含まれるすべてのオーディオやビデオに適用され、特定のビデオだけを圧縮することはできません。そのため、再編集の可能性がある場合には実行前に注意が必要です。なお、パソコンに保存されているもとのビデオ素材にはとくに影響がないので、ビデオ素材を挿入し直すことは可能です。

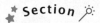

動画を文字で切り抜こう

海外のクリエイターたちの間では、動画を好きな文字でくりぬく演出が人気を集めています。一見難しそうですが、PowerPointの「図形の結合」機能を使えばかんたんに作成可能です。ここでは、2種類の作例を解説していきます。

⊙ 使用するファイル：5-39_01.pptx　　⊙ 作例ファイル：5-39_作例01.pptx

文字で窓を作成する

① 動画を挿入しておく

スライドに動画を挿入しておきます。（「5-39_01.pptx」にはすでに動画が挿入されています。）「再生」タブに切り替え、「▷開始」のプルダウンから「自動」を選択します。

② 動画の上に長方形を挿入して重ねる

「挿入」タブの「🖥図形」をクリックし、「□正方形/長方形」を動画の上に重ねるように挿入します。必要に応じて塗りつぶしなどを変更しておきます。このとき、枠線はなしにしておきましょう。

③ テキストボックスを挿入する

「挿入」タブの「🄰テキストボックス」→「🄰横書きテキストボックスの描画」をクリックし、長方形の上に配置します。文字を入力し、フォントの種類や大きさを調整しましょう。今回は文字をくりぬくので、文字の色は何でも構いません。

④ 「 ⬡ 図形の結合」で文字の型抜きをする

Shift キーを押しながら長方形→テキストボックスの順に選択します。「図形の書式」タブで「 ⬡ 図形の結合」→「 ⬡ 型抜き/合成」をクリックします。

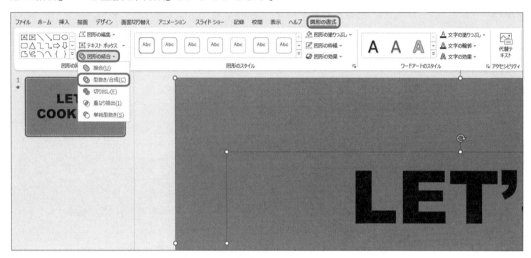

⑤ 文字がくりぬかれた

長方形の上に配置した文字がくりぬかれます。動画を再生すると、くりぬいた文字の下で動画が動くことが分かります。動画をもっと見せたい場合は、フォントを変更したり、文字を大きめにしたりして調整しましょう。

動画を文字の形にくりぬく

　動画を文字の形にくりぬく場合も、文字で窓を作成する際と同様に「◎図形の結合」を利用します。しかし、動画とテキストボックスでは「図形の書式」タブが表示されないので、ひと工夫して使用できるようにしてみましょう。

① PowerPointの「オプション」を表示する

　「ファイル」タブをクリックし、左側のメニュー下部の「オプション」をクリックします。

② クイックアクセスツールバーに「◎重なり抽出」を追加する

　「PowerPointのオプション」ダイアログボックスで「クイックアクセスツールバー」をクリックし、「コマンドの選択」の「すべてのコマンド」の一覧から「◎重なり抽出[図形の重なり抽出]」を選択し、「追加」をクリックします。「OK」をクリックして画面を閉じます。

③ クイックアクセスツールバーを表示する

　スライド画面に戻ったら、リボンの一番右側にある∨→「クイックアクセスツールバーを表示する」をクリックして、クイックアクセスツールバーを表示します。

④ 動画とテキストボックスを配置する

スライドに動画とテキストボックスを配置します。動画→テキストボックスの順に選択し、クイックアクセスツールバーに追加した「◎重なり抽出」をクリックします。

⑤ 動画が文字の形にくりぬかれた

動画が文字の形にくりぬかれました。動画をもっと見せたい場合は、フォントを変更したり、文字を大きめにしたりして調整しましょう。

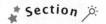

背景に動画を設定しよう

PowerPointはスライドの背景に好きな画像を設定できますが、実は動画素材を背景に設定することも可能です。すべてのスライドに同じ動画を表示させたい場合は、「スライドマスター」に動画を挿入すると効率的です。

⌄ 使用するファイル：5-40.pptx　⌄ 作例ファイル：5-40_作例.pptx

スライドマスターに動画を設定する

① スライドマスター表示に切り替える

「表示」タブに切り替え、「▢ スライドマスター」をクリックします。

② スライドマスターに動画を挿入する

左側のレイアウト一覧の最上部に表示されている「スライドマスター」というスライドを選択し、「挿入」タブに切り替えます。「▢ ビデオ」をクリックして動画を挿入します。

（作例で使用している動画は「5-40.pptx」の2つ目のスライドマスターに挿入されています。）

POINT　スライドマスターとは

「スライドマスター」とは、スライド全体の設計図を編集できる機能です。デザインや構成に統一感を持たせたいときに活用すると便利です。スライドマスターにツリーでつながっているレイアウトには、各スライドのテンプレートを登録しておくと似たようなレイアウトのスライドをかんたんに作成できます。

③ スライドマスター表示を閉じる

動画がすべてのレイアウトに挿入されます。「スライドマスター」タブをクリックし、「⊠ マスター表示を閉じる」をクリックします。

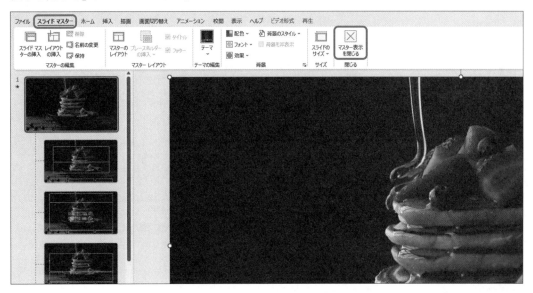

④ 表示をもとに戻す

スライドマスター表示を閉じると、スライド画面に戻ります。すべてのスライドにも、動画素材が背景として反映されていることが確認できます。

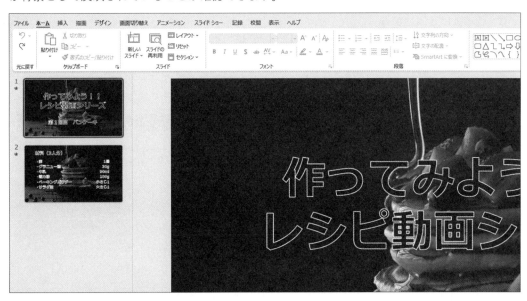

COLUMN

合成音声で読み上げた音声を使いたい！

合成音声を利用する

1 ● クイックアクセスツールバーに「🔊読み上げ」と「オーディオの録音」を追加する

150ページを参考に「クイックアクセスツールバー」の「コマンドの選択」で「すべてのコマンド」の一覧から「🔊読み上げ」と「オーディオの録音」を追加します。

2 ● ノートにナレーション原稿を用意する

読み上げる原稿をスライドのノートに入力し、全選択しておきます。

> **POINT ダミーテキストを入れる**
>
> オーディオの録音中は他の操作ができないため、読み上げを開始してからオーディオを録音する必要があります。読み上げ開始から数秒は録音が間に合わないので、原稿の最初にダミーテキストを入れて録音開始までのつなぎを作成するとよいでしょう。

3 ● 読み上げを開始する

クイックアクセスツールバーに追加した「🔊読み上げ」をクリックすると、選択した原稿の読み上げが開始されます。

4 ● オーディオを録音する

ダミー原稿が読み上げられている間に、クイックアクセスツールバーに追加した「オーディオの録音」をクリックし、録音を開始します。録音を終了すると、スライドに読み上げを録音したナレーション音声が挿入されます。読み上げがうまくされない場合は、漢字や数字、単位をひらがなにしてみましょう。

6

画面の切り替えを使って
動きをつけよう

41 スライドが縦横につながったように見せよう

画面切り替えの「プッシュ」を使えば、前後のスライドが縦横でつながったように見せることができます。ここでは、自然につながっているように見せるテクニックも紹介します。

⌄ 使用するファイル：6-41_01.pptx　　⌄ 作例ファイル：6-41_作例01.pptx

縦につながったように見せる

打ち上げ花火の作例で、スライドが縦につながったように見せる方法を紹介します。

（練習用のファイルにはスライドの背景と花火玉、花火のオブジェクトが配置されています。）

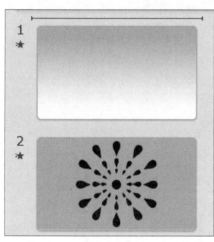

① 上下のスライドを用意する

まずは上下の画像にするため、2枚のスライドを準備します。下から上に動くように見せたいので、下になるほうが1枚目、上になるほうが2枚目です。1枚目のスライドの上部の色と2枚目の背景の色が同じだとよりつながって見えるため、1枚目の背景はグラデーションにしています。

② 1枚目のスライドに花火玉を配置する

1枚目のスライドへ花火玉に見立てた円を配置します。「挿入」タブの「🖼図形」で「⭕楕円」を挿入し、スライドの下に配置します。

③ 「↕直線（アニメーションの軌跡）」を適用する

花火玉が上方向に打ち上がっていく様子を見せたいので、「アニメーション」タブで「↕直線（アニメーションの軌跡）」を適用し、位置などを調整します。

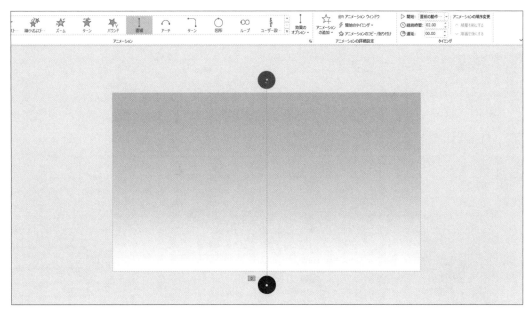

④ 2枚目のスライドに花火を配置する

2枚目のスライドに花火を配置します。「挿入」タブの「🗂図形」で「⬭涙形」を挿入し、角度や配置を調整しましょう。1段目、2段目、3段目はそれぞれグループ化しておくとアニメーションの設定がしやすくなります。

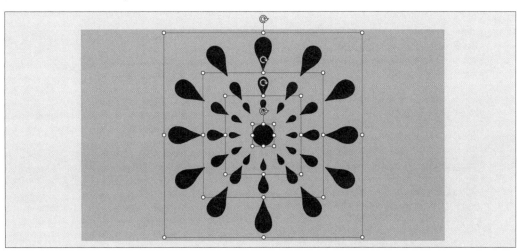

⑤ 2枚目のスライドの花火玉のアニメーション

2枚目のスライドの花火玉にアニメーションを設定します。ズームアウトしつつパッと消えるようにしたかったので、「アニメーション」タブで「🐾ベーシックズーム（終了）」を0.5秒と「⭐フェード（終了）」0.25秒を同時に設定しました。

⑥ 花火のアニメーション

花火は、すべての段に「⭐フェード（開始）」を「▷開始」が「直前の動作の後」、「🕐継続時間」が0.5秒で適用しています。花火玉が消えた後に1段目が表示されるようにしたかったので、1段目には「🕐遅延」0.5秒も設定しています。

⑦ スライドに画面切り替えを適用する

「画面切り替え」タブに切り替えます。1枚目のスライドは画面切り替え「□なし」のまま、「画面切り替えのタイミング」で「自動」2秒に設定します。2枚目のスライドは「🖼プッシュ」を選択し、「効果のオプション」を「⬆上から」に変更します。「🕐期間」は3秒にしています。

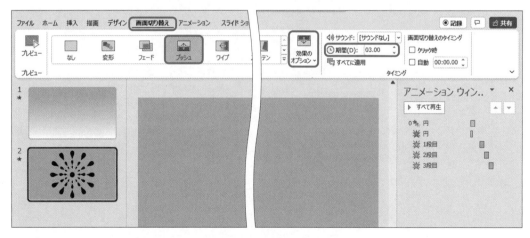

横につながったように見せる

続いて、街並みの作例を通じて、スライドが横につながったように見せる方法を紹介します。

① 1枚目のスライドに建物の素材を配置する

1枚目のスライドにスライドと同じ大きさの長方形を挿入します。長方形をスライドの横に並べてガイドとし、スライド2枚分の建物の画像素材を配置します。このアニメーションでは、スライドが横につがっているように見せたいので、左右の画像がスライドから少しはみ出ても自然に見えます。

（練習用のファイルには建物の素材とガイドが配置されています。）

② ガイド上の建物の素材をコピーする

ガイドの長方形とその上の建物の素材をコピーし、2枚目のスライドに貼り付けます。

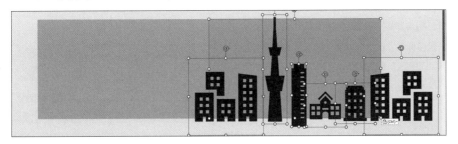

③ 2枚目のスライドに建物の素材を配置する

ガイドの長方形と建物の素材が選択された状態で、ガイドがスライドに重なるようにすべて移動します。ぴったり重なる位置まで移動したらガイドを削除します。

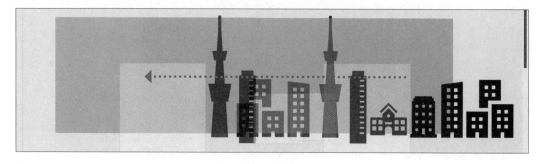

④ 2枚目のスライドに「■ プッシュ」を適用する

2枚目のスライドに「画面切り替え」タブの「■プッシュ」を選択して適用します。「効果のオプション」は、「■右から」に変更します。これで、1枚目のスライドが左方向に動いて2枚目のスライドへと切り替わります。

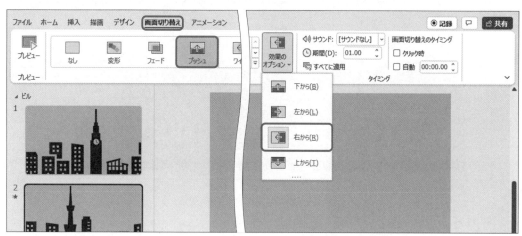

POINT 街並みは横長の素材でも OK

ここでは街並みをビルやタワーなどのパーツで作成しましたが、作例のスライド3枚目以降のように横長の1枚絵で表現することもできます。イラストの他に、パノラマ写真を利用するのもおすすめです。

スライドが縦横につながるバリエーション

背景をシームレスパターンにする

背景をシームレスパターンにすると、上下左右どの方向に移動させても違和感がありません。

スライドにまたがるようにイラストを配置する

　スライドを4枚使用すると上図のようなスライドの動きも可能です。作例では、4枚目のスライドの後に全体を縮小したスライドを加え、画面切り替えの「🖼変形」で全体像を見せる演出を追加しています。

42 Web サイトでスクロールしている ようにしてみよう

CM 動画でしばしば目にする擬似的な Web サイトをスクロールするアニメーションは、自社の Web サイトへの導線として効果的です。画面切り替えの「変形」を使えば、PowerPoint でもこうしたアニメーションを作成できます。

▼ 使用するファイル：6-42.pptx   ▼ 作例ファイル：6-42_作例.pptx

スクロール操作を演出する

① 1枚目のスライドにデザインを作成する

Webサイトらしく見せるために、1枚目のスライドにバナーやタイトル、メニューボタンなどを配置します。スライドからはみ出すように、後から見せたい部分も作成しておきます。スクロールしていることがわかるよう、スクロールバーも配置しましょう。

（練習用のファイルには下図のデザインがすでに作成されています。）

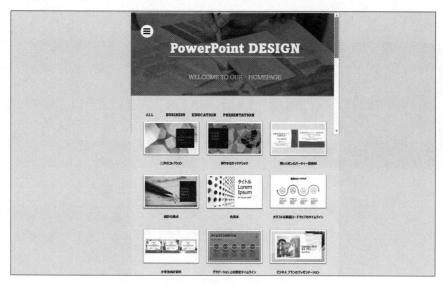

② 1枚目のスライドを複製する

1枚目のスライドのサムネイルを選択し、スライドを複製します。作例では3回複製し、全部で4枚のスライド構成にしました。

③ スクロールバー以外のデザインを上方向に移動する

2枚目移行は下方向にスクロールしている様子を演出したいので、スクロールバー以外のデザインを選択し、やや上方向にドラッグしてずらします。

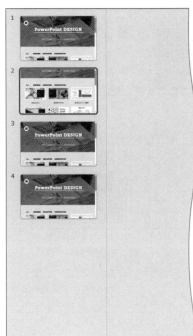
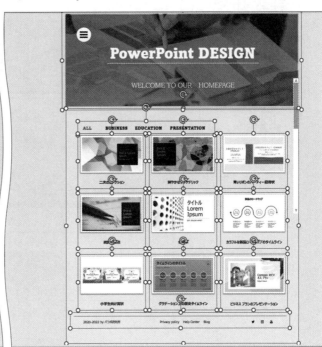

④ スクロールのバーを下方向に移動する

スクロールバーのバーの部分をやや下方向に移動させます。こうすると、動かしたときにWebサイトらしさが演出できます。

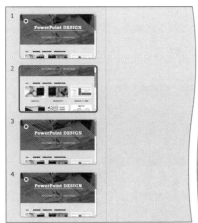

⑤ 3枚目・4枚目のスライドのレイアウトを整える

3枚目・4枚目のスライドも同様にデザインを上方向、スクロールバーを下方向に移動させます。

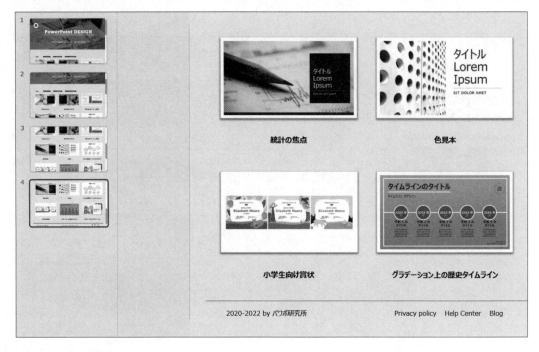

⑥ 画面切り替えのタイミングを自動にする

「画面切り替え」タブに切り替え、「画面切り替えのタイミング」を「自動」だけにチェックが入った状態にします。「🖳すべてに適用」をクリックしてすべてのスライドに同じ設定を反映させましょう。スライドショーで確認する際は、最後のスライドだけ「自動」のチェックを外し、「クリック時」にチェックをつけておくと確認しやすいです。

⑦ 2枚目〜4枚目のスライドに「🖼変形」を適用する

2枚目〜4枚目のスライドサムネイルを選択した状態で「🖼変形」を適用します。期間などはプレビューやスライドショーで確認しながら調整しましょう。

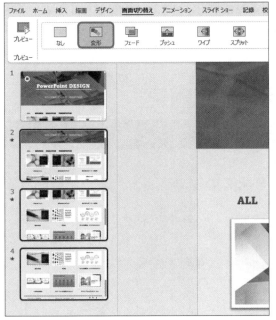

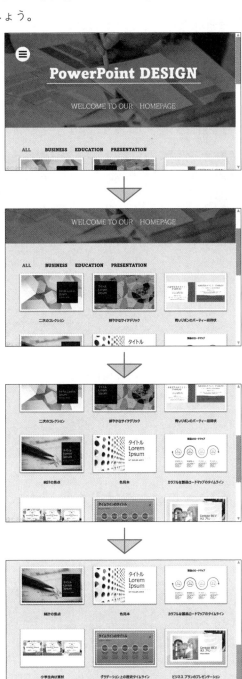

6 画面の切り替えを使って動きをつけよう

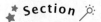
図形と文字を変形させてみよう

画面切り替えの「変形」は、図形や文字を滑らかに変化させていく効果があります。オープニングムービーや動画のタイトルなど幅広いシーンで活用できるので、使い方を覚えておきましょう。

⊘ 使用するファイル：6-43.pptx   ⊘ 作例ファイル：6-43_作例.pptx

図形や文字を変化させる

① 1枚目のスライドに図形や文字を配置する

1枚目のスライドに図形や文字を配置します。ここでは、直線とテキストボックスを組み合わせました。

（練習用のファイルには下図のように直線とテキストボックスが配置されています。）

② 1枚目のスライドを複製する

1枚目のスライドサムネイルを選択し、スライドを複製します。

③ 2枚目のスライドで図形や文字を編集する

複製したスライドで線の位置を移動・回転させたり、テキストを編集したりします。

④ 2枚目のスライドを複製し、図形や文字を編集する

2枚目のスライドを複製し、線の位置を移動・回転させたり、テキストを編集したりします。

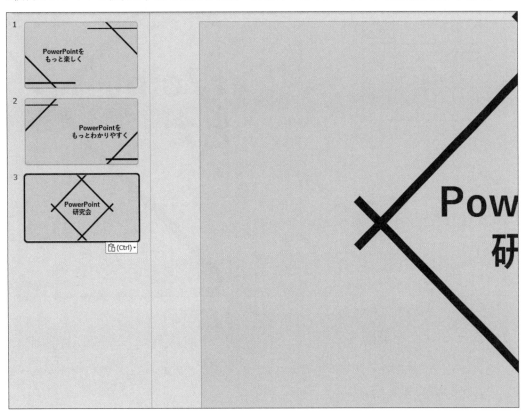

⑤ 2枚目と3枚目のスライドに「■変形」を適用する

「画面切り替え」タブに切り替え、2枚目のスライドと3枚目のスライドのサムネイルを選択した状態で「■変形」をクリックして適用します。

⑥ 「効果のオプション」を変更する

テキストも変形の対象にするため、「効果のオプション」をクリックして「■単語」に変更します。

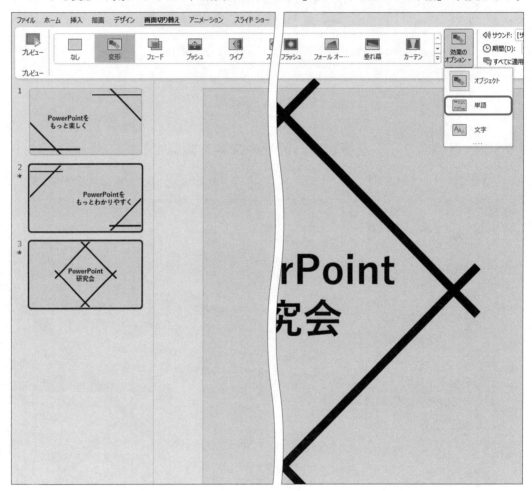

⑦ タイミングを調整する

各スライドで「⊙期間」や「画面切り替えのタイミング」などをプレビューやスライドショーで確認しながら調整します。

POINT 「■変形」の「効果のオプション」

「■変形」では、「効果のオプション」で変形する対象を 3 種類から選ぶことができます。「■オブジェクト」を選択すると、図形や線、画像、SmartArtなどが移動・変形します。「■単語」を選択すると、上記のオブジェクトに加え、テキストが単語単位で移動・変化します。「■文字」の場合もオブジェクトの変化に加えてテキストが移動・変化しますが、こちらは 1 文字単位で変化します。「■変形」でテキストも対象にしたいときは、スライドに表示されているテキストが文章の場合は「■単語」、単語だけの場合は「■文字」にするのがおすすめです。

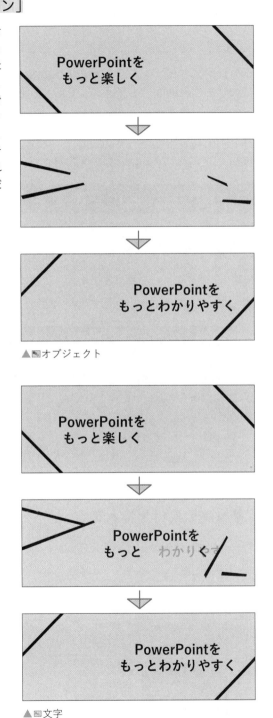

▲■オブジェクト

▲■単語

▲■文字

6 画面の切り替えを使って動きをつけよう

ピント切り替え風の動きをつけよう

カメラのレンズでピントを合わせると、対象の物ははっきりと映り、逆に対象外の物はボケたように映ります。画面切り替えの「変形」を使えば、このようなピントの切り替え風のアニメーションを作成できます。

⌄ 使用するファイル：6-44.pptx   ⌄ 作例ファイル：6-44_作例.pptx

ピント切り替え風の演出をする

① 画像素材を用意する

被写体と背景の素材を用意します。ここでは被写体に猫の素材、背景に花の素材を使用します。

（練習用のファイルには被写体と背景の素材がすでに挿入されています。）

② 被写体の素材を挿入する

スライドに被写体の素材を挿入します。素材の背景を消したいので、「図の形式」タブに切り替え、「🖼背景の削除」をクリックします。

③ 被写体の素材背景を削除する

「⊕保持する領域としてマーク」「⊖削除する領域としてマーク」で削除する背景を設定し、「✓変更を保持」をクリックして背景を削除します。

④ スライドに背景素材を配置する

「♻回転」の「◢左右反転」をクリックして被写体の向きを変更します。被写体が前面、背景が背面になるように背景素材を配置します。

⑤ スライドを複製する

スライドのサムネイルを選択して、スライドを複製します。

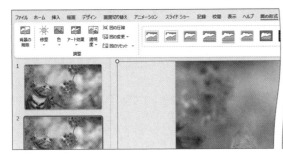

POINT　素材の背景を上手に削除できない場合

被写体と背景のボケ感がはっきりしていて輪郭がわかりやすいものや、被写体と背景の色がはっきり異なっているものは、比較的かんたんに背景をマークできます。しかし、被写体と背景の境界があいまいな画像などは「🖼背景削除」機能で背景を削除するまでに時間がかかってしまうことがあります。そうしたときは、画像の背景を自動で切り抜いてくれるサービスを使用したり、画像編集ソフトを利用したりする方法もあります。

⑥ 1枚目の被写体に「⬚アート効果」の「ぼかし」を適用する

1枚目のスライドで被写体を選択し、「図の形式」タブの「⬚アート効果」をクリックします。一覧から「ぼかし」を選択して、ぼかし加工を適用します。

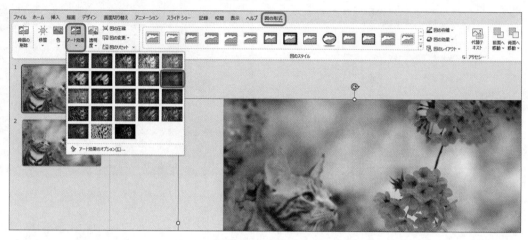

⑦ 2枚目の背景に「⬚アート効果」の「ぼかし」を適用する

2枚目のスライドで背景を選択し、「図の形式」タブの「⬚アート効果」をクリックします。一覧から「ぼかし」を選択して、ぼかし加工を適用します。

POINT ぼかしが足りないときは

「⬚アート効果」の「ぼかし」だけではぼかし方が足りないと感じたときは、手動でぼかしの具合を強めに調整することが可能です。「図の形式」タブの「⬚アート効果」で「⬚アート効果のオプション」をクリックし、「図の書式設定」ウィンドウで「アート効果」の「半径」の数値を大きくしましょう。左はデフォルトの「10」、右は「60」に変更したものです。また、「図の書式設定」ウィンドウの「ぼかし」で「サイズ」の数値を大きくすると、被写体のふちがぼかされます。「⬚背景の削除」で被写体が上手に切り抜けず、背景の色が少し残ってしまったときに非常に便利です。

⑧ 2枚目の被写体を若干大きくする

2枚目のスライドで被写体を選択し、Ctrl キーと Shift キーを押しながらほんの少し拡大します。マニュアルフォーカスでピントが背景から猫に移ったときに、手前の被写体である猫が若干大きく見えることを意識した演出です。

⑨ 2枚目のスライドに「🖼変形」を適用する

「画面切り替え」タブに切り替え、2枚目のスライドに「🖼変形」を適用します。ここでは「タイミング」の「🕐期間」は1秒と少し短めに設定しています。「画面切り替えのタイミング」は1枚目も2枚目も「自動」にチェックをつけ、「クリック時」のチェックを外しました。

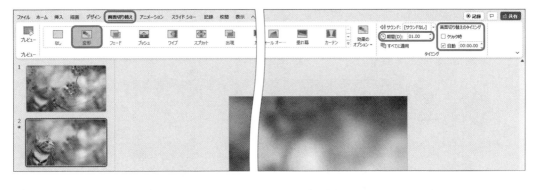

Section 45 スポットライト風の動きをつけよう

対象をスポットライトで照らして注目させる照明演出は、昔から舞台・映画・テレビでも使われている定番の手法です。画面切り替えの「変形」を使って、動画にもスポットライト風の演出を取り入れてみましょう。

⌄ 使用するファイル：6-45.pptx　⌄ 作例ファイル：6-45_作例.pptx

スポットライト風の演出をする

① スライドに画像を配置する

スライドに画像を挿入し、大きさや位置を調整します。挿入した画像を複製します。

（練習用のファイルには画像が挿入されています。）

② 背面の画像の色を変更する

背面の画像を選択し、「図の形式」タブの「■色」で「■色の変更」から任意の色に画像を変更します。少し暗めの色味がおすすめです。

③ 画像の位置を揃える

背面の画像と前面の画像を「▤配置」などを使用して揃えます。

④ スポットライトのガイドを挿入する

「挿入」タブで「📑図形」の「⚪楕円」を選択し、最初にスポットライトを当てたい位置にガイドとして挿入します。

（練習用のファイルにはガイドの円が挿入されています。）

⑤ スライドを複製する

スポットライトのガイドが挿入されている状態で、スライドを複製します。スポットライトの演出をつける枚数分スライドを複製しましょう。

⑥ 1枚目のスライドの前面の画像をガイドで切り抜く

1枚目のスライドで前面の画像→ガイドの円の順にオブジェクトを選択し、「図形の書式」タブに切り替えます。「●図形の結合」をクリックし、「●重なり抽出」を選択します。前面の画像はガイドの円と重なった箇所だけが残り、スポットライトが当たっているようになります。

⑦ 2枚目以降のスライドの前面の画像をガイドで切り抜く

2枚目以降のスライドでは、スポットライトのガイドの位置を変えて、1枚目のスライドと同様の手順で「●重なり抽出」を行います。

⑧ 2枚目以降のスライドに「🖼変形」を適用する

2枚目以降のスライドに、「画面切り替え」の「🖼変形」を適用します。タイミングなどはプレビューやスライドショーで確認しながら調整しましょう。

画面切り替えでスクローリングナンバーアニメーションを作成してみよう

第4章のSec.35で紹介したスクローリングナンバーアニメーションは、「│直線（アニメーションの軌跡）」のアニメーションを使って、数字を動かすものでした。実は同様の動きを「画面切り替え」の「◥変形」でも再現できます。

▽ 作例ファイル：6-COLUMN_ 作例 .pptx

「変形」でスクローリングナンバーアニメーションを作成する

1 • スライドを複製する

130ページを参考に十の位と一の位のテキストボックスを作成します。作成したスライドのサムネイルを選択し、スライドを複製します。

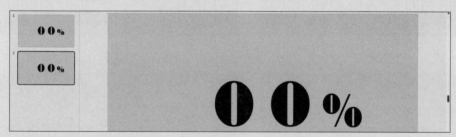

2 • 十の位のテキストボックスを移動する

複製したスライドに切り替えます。十の位のテキストボックスを選択し、最後に表示したい数字を中央の表示位置まで移動させます。

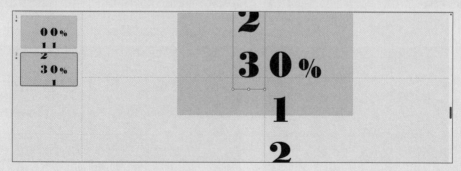

COLUMN

3 • 一の位のテキストボックスを移動する

一の位のテキストボックスも同様に、最後に表示したい数字を中央の表示位置まで移動させせます。

4 • 画面切り替えの「変形」を適用する

「画面切り替え」タブに切り替え、「変形」をクリックし、2枚目のスライドに適用します。

5 • 「⏱期間」を変更する

「⏱期間」をクリックし、画面が切り替わるまでの時間を入力します。作例では5秒としています。

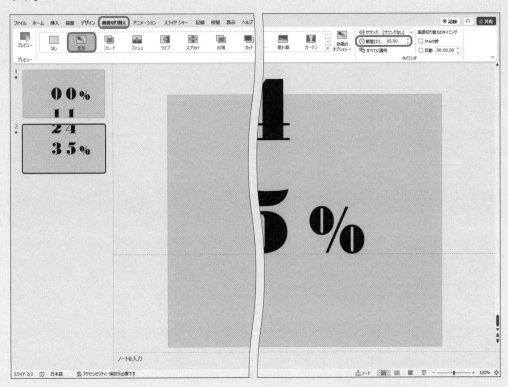

POINT 必要に応じてガイドを表示させよう

第4章のSec.35と同様に「ガイド」を表示させておくと、数字の位置合わせがスムーズにできます。ガイドの表示方法は130ページのPOINTを参考にしましょう。

6 ● 長方形を配置して数字を隠す

　最後に、1枚目と2枚目のスライドに背景と同じ色の長方形を2つ挿入します。数字の表示位置の上下に配置して数字を隠しておきましょう。

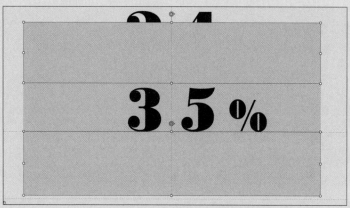

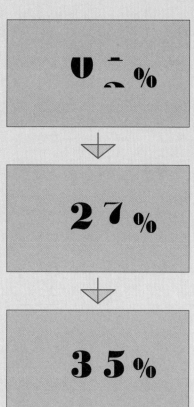

7

動画ならではの
グラフ表現にしてみよう

★ Section ✦

46 PowerPoint のグラフを 動かしてみよう

PowerPoint は、Excel のような本格的なグラフも作成できます。作成したグラフは、アニメーション機能で動かすことも可能です。ここでは、主要なグラフにおすすめのアニメーションを見ていきましょう。

⌄ 使用するファイル：7-46.pptx   ⌄ 作例ファイル：7-46_作例.pptx

棒グラフ

★スライドイン（開始）・★フロートイン（開始）

✿効果のオプション（方向）：↑下から

✿効果のオプション（連続）：▮▮系列別、▮▮項目別、▮▮系列の要素別、▮▮項目の要素別

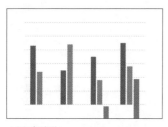
▲▮▮系列別

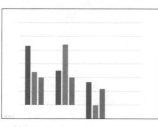
▲▮▮項目別

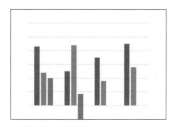
▲▮▮系列の要素別

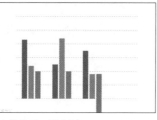
▲▮▮項目の要素別

棒が下からせり上がってくるアニメーションを設定できます。「★スライドイン」も「★フロートイン」もどちらも似たようなアニメーションですが、はっきりとした描写が好みなら「★スライドイン」、ふわっと浮き上がってくるような表現が好みなら「★フロートイン」を選択するとよいでしょう。

★ワイプ（開始）

✿効果のオプション（方向）：→左から、↑下から

✿効果のオプション（連続）：▮▮系列別、▮▮項目別、▮▮系列の要素別、▮▮項目の要素別

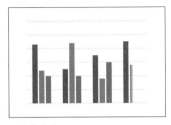

▲→左から

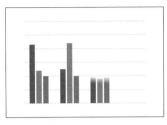

▲↑下から

棒グラフと「★ワイプ（開始）」は非常に相性がよく、多彩な表現ができます。例えば、「★効果のオプション」の「方向」で「→左から」を適用すると、グラフが左から順番に表示されます。また、「↑下から」を適用すると、棒が下からせり浮き出てくるように見せることができます。

横棒グラフ

★スライドイン（開始）・★ワイプ（開始）

★効果のオプション（方向）：→左から

★効果のオプション（連続）：▌▌系列別、▌▌項目別、▌▌系列の要素別、▌▌項目の要素別

▲★スライドイン

▲★ワイプ

「★スライドイン（開始）」や「★ワイプ（開始）」を適用すれば、棒が左側から伸びていくような動きをつけられます。

折れ線グラフ

★ワイプ（開始）

★効果のオプション（方向）：→左から

★効果のオプション（連続）：▌▌系列別、▌▌項目別

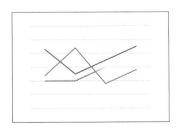

「★効果のオプション」で「方向」を「→左から」にすると、折れ線が左から時系列順に描写されていくので非常に美しいです。

積み上げグラフ

☆ワイプ（開始）
☆効果のオプション（方向）：↑下から、↓上から
☆効果のオプション（連続）：▌▌系列別、▌▌系列の要素別、▐▌項目の要素別

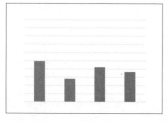

▲▌▌系列別

▲▌▌系列の要素別

▲▐▌項目の要素別

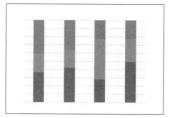

　複数の系列を1本の棒にまとめた積み上げグラフは、その特徴を生かせるよう「▌▌系列別」に表示させるのがおすすめです。グラフで強調したい箇所によっては「▌▌系列の要素別」や「▐▌項目の要素別」で表示させるほうが効果的な場合もあるので、いろいろ試してみるとよいでしょう。なお、グラフが横向きの場合の「☆効果のオプション（方向）」は「→左から」がおすすめです。

散布図

☆ストリップ（開始）
☆効果のオプション（方向）：↗右上
☆効果のオプション（連続）：▌▌系列別

　散布図に動きをつけたいときは、斜め方向に表示させることができる「☆ストリップ」というアニメーションがおすすめです。ただし、近似曲線を表示させているときは要注意です。例えば、マーカーを先に表示させ、後から近似曲線を表示させたいと思っても、マーカーと近似曲線はセットで表示されてしまうため、別々のアニメーションにできません（「☆効果のオプション（連続）」の「▐▌項目別」も同様）。近似曲線にもアニメーションを設定したい場合は、別途図形として直線を引いて「☆ワイプ（開始）」などのアニメーションを設定します。

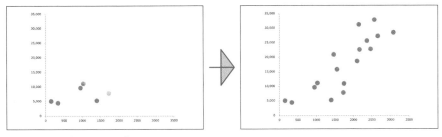

▲マーカー：☆ストリップ

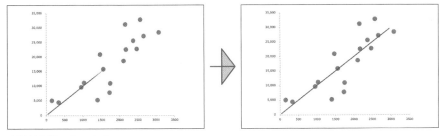

▲近似曲線：☆ワイプ

組み合わせグラフ

☆ワイプ（開始）
☆効果のオプション（方向）：↑下から、→左から
☆効果のオプション（連続）：▮▮系列別

　棒グラフと折れ線グラフを組み合わせた「組み合わせグラフ」との相性がよいのは、「☆ワイプ（開始）」です。棒グラフが下から、または左から順番に表示された後、折れ線グラフが左から順に表示されます。

　組み合わせグラフは系列ごとにグラフの種類をカスタマイズすることができます。そのため、「☆効果のオプション（連続）」を「▮▮系列別」にすると、グラフごとにアニメーションを変更することも可能です。

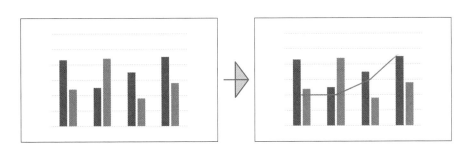

47 図形が降ってくる棒グラフを 作成してみよう

今回は、パズルゲームのように上から図形が降ってきて棒グラフを形成していくグラフアニメーションを解説します。少し複雑で難しいですが、動画映えするアニメーションなのでチャレンジしてみましょう。

⊽ 使用するファイル：7-47.pptx   ⊽ 作例ファイル：7-47_作例.pptx

図形を積み重ねてアニメーションを設定する

① 図形を積み重ねて棒グラフのデザインを作成する

任意のアイコンや図形を挿入し、積み重ねて棒グラフのようなデザインを作成します。

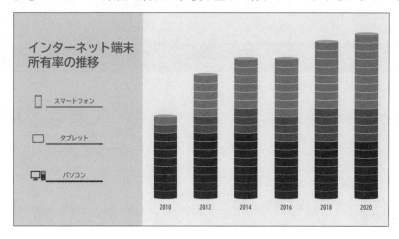

② 一番下の図形にアニメーションを適用する

最初に落ちてくる図形（ここでは左のグラフの最下部の図形）を選択し、「★フロートイン（開始）」のアニメーションを適用し、下記のように設定します。

A ☆効果のオプション

「↓フロートダウン」を選択し、上から降ってくるようにしています。

B ▷開始

「直前の動作と同時」に変更します。

C 🕐継続時間

作例では0.25秒に変更しています。

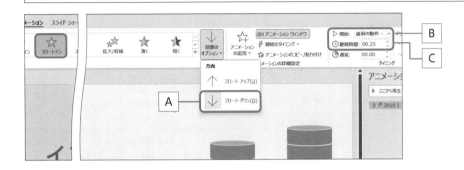

③ アニメーションをコピーする

アニメーションを設定した図形を選択した状態で「☆アニメーションのコピー/貼り付け」をクリックし、二番目に落ちてくる図形をクリックしてアニメーションをコピーします。二番目の図形の「▷開始」を「直前の動作の後」に変更します。

④ 他の図形にもアニメーションをコピーする

二番目の図形を選択した状態で「☆アニメーションのコピー/貼り付け」をダブルクリックし、アニメーションをつけたい図形を落ちてくる順番にクリックしていきます。すべてに設定し終えたら再度「☆アニメーションのコピー/貼り付け」をクリックします。

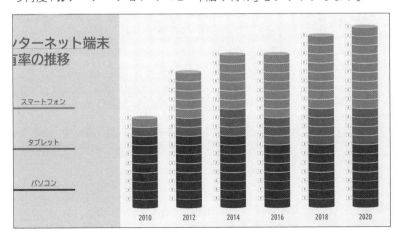

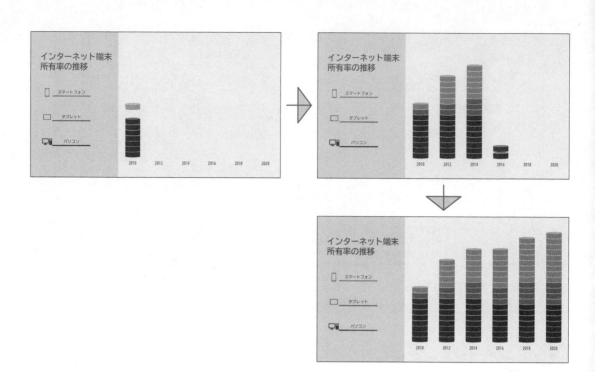

POINT 自動でプレビューしないようにする

「☆アニメーションのコピー / 貼り付け」でアニメーションをコピーすると、別の図形に適用するたびにアニメーションがプレビューされます。最初のアニメーションを設定する際にはとても便利な機能ですが、大量にコピーしたいときにはプレビューによって作業の手が止まってしまい効率が悪くなります。プレビューを無効にしたい場合は、「アニメーション」タブで「☆プレビュー」の ⌄ をクリックし、「自動プレビュー」をクリックしてチェックを外します。

図形が降ってくるグラフのバリエーション

　要素ごとに図形をグループ化してグループごとにアニメーションをつけたり、アニメーションで図形を降らせる順番を変えるだけで見せ方を何通りにもアレンジできます。また、図形の形を変えるだけでも雰囲気がガラリと変わるので、幅広い応用が可能です。「☆フロートイン（開始）」のアニメーションの代わりに「↕直線（アニメーションの軌跡）」などを使用することもできます。

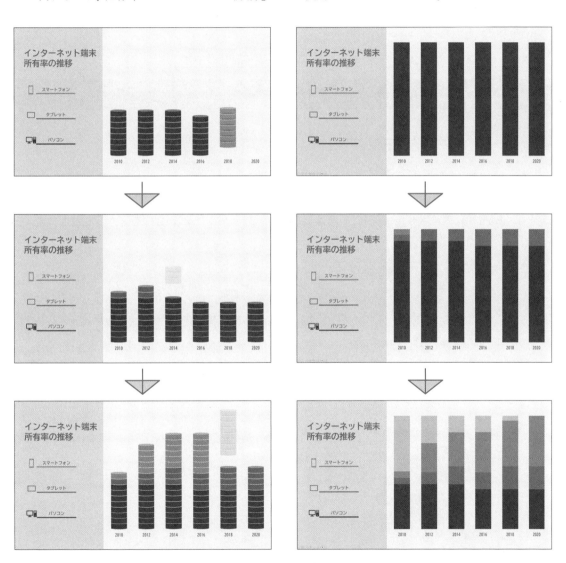

スピードメーターのような半円グラフを作成してみよう

スピードメーターのような見た目をした「半円グラフ」は、スタイリッシュで動画映えします。PowerPointの「グラフ」機能の中には半円グラフの用意はないものの、円グラフをカスタマイズすれば作成できます。

(⌄) 使用するファイル：7-48.pptx   (⌄) 作例ファイル：7-48_作例.pptx

ドーナツグラフをもとに半円グラフを作成する

1 ドーナツグラフを挿入する

「挿入」タブで「グラフ」をクリックし、「円」グラフから（ドーナツ）グラフを選択して挿入します。グラフの値は表示させるエリアと非表示にするエリアの2つの値が入っていればよいので、B2セルに表示させたい値（ここでは「60」%）、B3セルに「=200-B2」を入力しておきます。

2 ドーナツグラフを調整する

をクリックしてグラフタイトルなどのグラフ要素を非表示にし、グラフ上を右クリックして「データ系列の書式設定」をクリックします。「データ系列の書式設定」ウィンドウで表示が「系列のオプション」の（系列のオプション）になっていることを確認し、「系列のオプション」の「グラフの基線位置」を「270°」にします。グラフの変更したい箇所をクリックしてウィンドウを「データ要素の書式設定」ウィンドウに変更すると、（塗りつぶしと線）から各要素の色などの設定ができます。

（練習用のファイルにはすでに調整したグラフが挿入されています。）

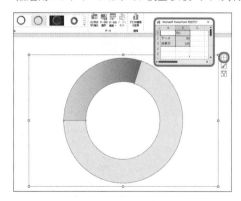

③ ドーナツグラフを切り取る

ドーナツグラフを選択した状態で「ホーム」タブの「✂切り取り」をクリックします。

④ ドーナツグラフを図として貼り付ける

「貼り付け」の✓をクリックし、▦を選択してドーナツグラフを図として貼り付けます。

⑤ ドーナツグラフを回転する

「図の書式設定」ウィンドウで▦（サイズとプロパティ）をクリックし、「サイズ」の「回転」に数値を入力してデータの表示部分がドーナツグラフの下半分に隠れる位置になるように配置します。ここでは「252°」となりました。

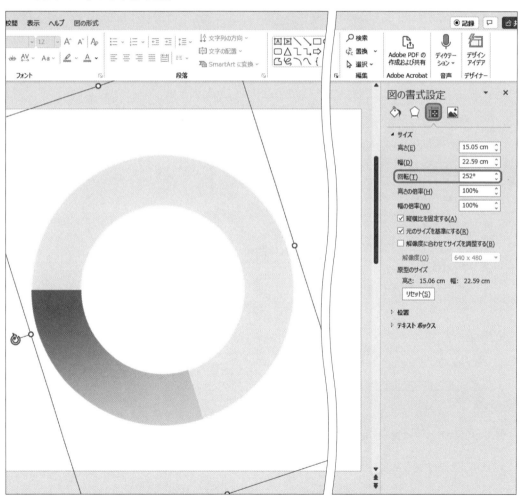

⑥ アニメーションを適用する

回転させたドーナツグラフを選択した状態で「アニメーション」タブに切り替え、「✦スピン（強調）」のアニメーションを適用します。

⑦ 効果のオプションダイアログボックスを表示する

「アニメーションウィンドウ」で▾をクリックし、「効果のオプション」をクリックします。

⑧ 回転の量を設定する

「効果」タブで「設定」の「量」のプルダウンをクリックし、「ユーザー設定」に回転させたい角度を入力します。回転する角度は、360°−手順⑤で入力したドーナツグラフの図の角度です（ここでは360−252＝108°）。

⑨ アニメーションを調整する

「OK」をクリックして効果のオプションダイアログボックスを閉じ、「🕐継続時間」などを調整します。

⑩ ドーナツグラフの下半分をマスクする

ドーナツグラフの図の下半分を長方形オブジェクトなどを重ねて見えないようにします。

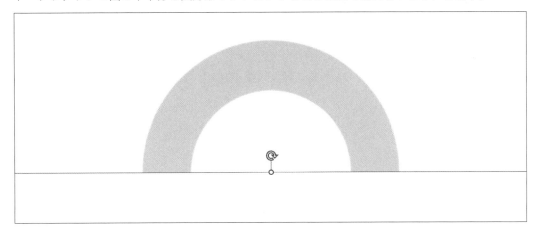

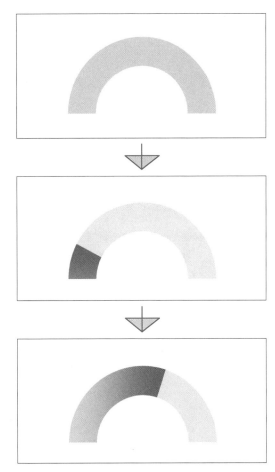

図形をもとに半円グラフを作成する

① 図形を挿入する

「挿入」タブで「🖼図形」をクリックし、「◎円：塗りつぶしなし」を選択してドーナツ状の図形を挿入します。

② 図形を複製する

図形を複製し、塗りつぶしの色を変更します。

（練習用のファイルにはすでに調整したドーナツ状の図形が2つ挿入されています。）

③ 複製した図形を切り抜く

複製した図形の下半分を長方形などでマスクし、Shift キーを押しながら複製した円→長方形の順にクリックして、「図形の書式」タブに切り替え「◎図形の結合」から「◎重なり抽出」を選択します。

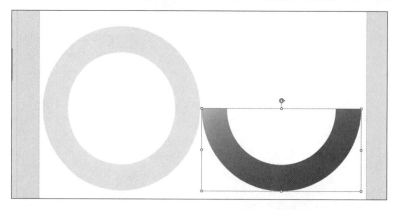

4 図形をグループ化する

2つの図形を「圕配置」ツールなどを使って重ね、「圕グループ化」します。

5 アニメーションを適用・調整する

グループ化した図形に「★スピン（強調）」のアニメーションを適用します。192ページ手順⑦以降を参考に回転の量などを設定し、最後に図形の下半分をマスクして隠します。

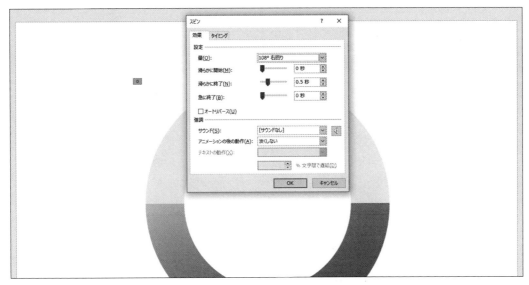

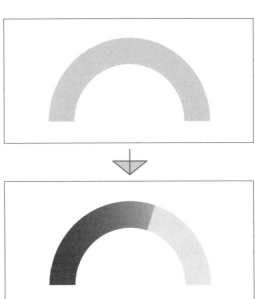

7 動画ならではのグラフ表現にしてみよう

195

Section 49 インフォグラフィック風の グラフを作成してみよう

「インフォグラフィック」とは、テキストや数値では伝わりにくい情報をわかりやすく表現した図解のことです。本項を参考にして、PowerPoint でインフォグラフィック風のグラフを作成し、動画に取り入れてみましょう。

使用するファイル：7-49_01.pptx　　作例ファイル：7-49_作例01.pptx

アイコンを使った棒グラフ

1 もとになるグラフを作成する

まずは、「グラフ」機能やExcelなどでもとになるグラフを作成します。収集したデータをかんたんなグラフの形にしておくと、その情報を伝える切り口や表現の方向性を定めやすくなり、デザインへ落とし込む際の助けとなります。なお、すでにグラフデータがある場合やテキストデータのみで十分な場合は、この作業を省略しても構いません。

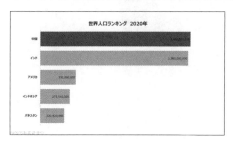

2 デザインを置き換える

グラフを参考にして、項目名や数値などをアイコンに置き換えるなどしてデザインを作成します。

（練習用ファイルには、下記のデザインが作成されています。）

3 アニメーションを適用する

作成したインフォグラフィック風グラフにアニメーションを適用します。作例では下記のように
アニメーションを適用しました。

A　マスク-数値アイコン-下位

数値アイコンの上に長方形を配置してアイコンをマスクし、「⭐ワイプ（終了）」を適用しました。

B　数値-下位

アイコンの表示後のタイミングで数値が表示されるように「⭐フェード（開始）」を適用しました。

C　マスク-数値アイコン-中国

数値アイコンの上に長方形を配置してアイコンをマスクし、「⭐ワイプ（終了）」を適用しました。
中国を目立たせるため、下位とはタイミングをずらし独立させました。

D　数値-中国

中国の数値アイコンの表示に合わせて「⭐フェード（開始）」を適用しました。

E　中国の強調

中国の数値アイコンと数値をさらに際立たせるために「⭐パルス（強調）」というアニメーションを
設定しました。

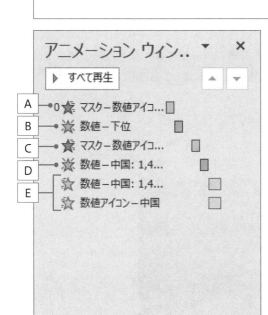

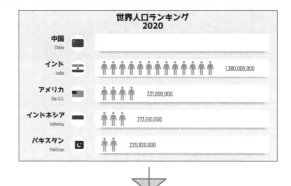

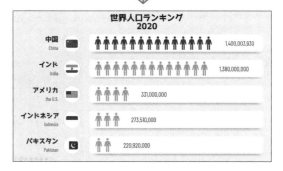

使用するファイル：7-49_02.pptx　　作例ファイル：7-49_作例02.pptx

水量で表すグラフアニメーション

　ここでは、水量が上がっていくアニメーションを通じて視覚的に全体の割合を表現する方法を解説します。

① オブジェクトを挿入する

背景用の長方形オブジェクトとくり抜き用のオブジェクトをスライドに挿入します。

（練習用ファイルでは、人体の水分量を表現するため、人の形のアイコンを挿入しています。）

② グラフィックスを図形に変換する

「挿入」タブの「アイコン」からアイコンを挿入した場合は「グラフィックス形式」タブで「図形に変換」をクリックしてアイコンを図形にします。作例の人のようにオブジェクト内の図形どうしが分離している場合、図形に変換した際にグループ化されていることがあります。グループ化されている場合は、グループ化を解除します。

③ 背景用のオブジェクトを切り抜く

Shift キーを押しながら背景用のオブジェクト→くり抜き用のオブジェクトの順にクリックして選択し、「図形の書式」タブの「図形の結合」で「型抜き/合成」を選択して背景用のオブジェクトを切り抜きます。

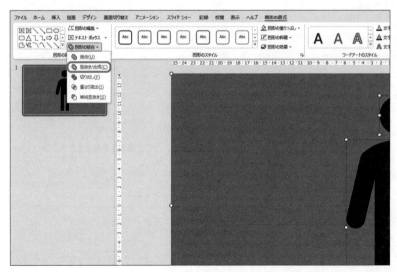

④ 水量のオブジェクトを配置する

長方形などのオブジェクトを挿入し、最背面に配置します。オブジェクトを水色にすると、背景用にくり抜かれたオブジェクトの窓から水量のように見せることができます。

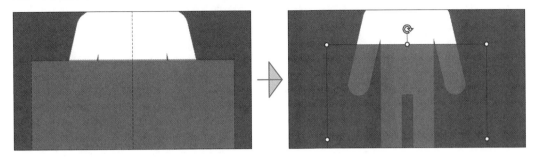

⑤ 水量にアニメーションを適用する

水量のオブジェクトに「★スライドイン（開始）」のアニメーションを適用し、「🕐継続時間」を2秒にします。「アニメーションウィンドウ」から効果のオプションダイアログボックスを開き、「効果」タブの「設定」で「方向」を「下から」、「急に終了」を「1.5秒」にすると、水量のオブジェクトが少しバウンドし、まるで水の揺れのような動きになります。なお、「急に終了」の秒数はオブジェクトの大きさなどで調整が必要になります。

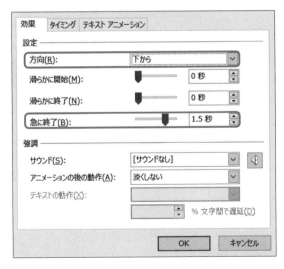

ドーナツグラフを作成する

　ここでは、水量が上がっていくアニメーションに追加して、ドーナツグラフを描画するアニメーションに挑戦してみましょう。

1 オブジェクトを挿入する

　ドーナツグラフの作画アニメーションには、下記の4つのオブジェクトが必要です。

（練習用ファイルには、オブジェクトが挿入されています。）

A　グラフ

190〜191ページなどを参考にドーナツグラフを作成し、図形に変換しておきます。

B　部分円

「挿入」タブの「図形」から「部分円」を選択して作成します。円の直径はドーナツグラフよりも少し大きくしておくとよいでしょう。

C　背景切り抜き

198ページなどを参考に円でくり抜かれた背景用オブジェクトを作成します。円の直径はドーナツグラフの外径と同じにします。

D　中央円

「挿入」タブの「図形」から「楕円」を選択して作成します。円の直径はドーナツグラフの内径と同じにします。

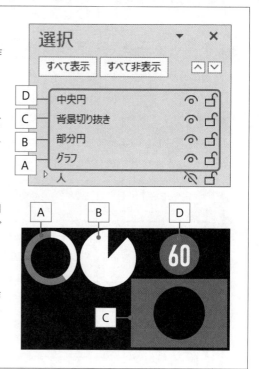

2 オブジェクトを重ねる

　「配置」ツールなどを利用してオブジェクトを重ね、グラフの位置などを調整します。

3 アニメーションを設定する

　グラフのオブジェクトと部分円のオブジェクトにアニメーションを設定します。

A グラフ

「⭐ スピン（強調）」アニメーションを適用し、「🕐遅延」を0.2秒設定します。192ページを参考に効果のオプションダイアログボックスから「量」を設定しましょう。

B 部分円

「⭐ホイール（終了）」アニメーションを適用します。「🕐継続時間」をグラフよりも長めに設定するのがポイントです。作例では0.5秒長く設定しています。

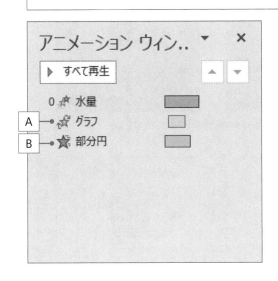

POINT　ドーナツグラフの動きの解説

部分円とグラフのアニメーションは、再生すると下図のように動きます。グラフの回転よりも部分円が先に消えるので、グラフの描画範囲に影響を与えないというわけです。

 ➡ 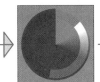 ➡ 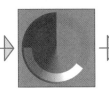 ➡ ➡

⊙ 作例ファイル：7-49_作例03.pptx

インフォグラフィック風グラフのアイデア

⊙ 水をリアルにしたい！

　水の見た目やアニメーションをもう少しリアルに表現したいのであれば、グラデーションや水滴、透明度の調整、水面の写真素材などを加工して動かしてみるのも効果的です。

▲波を3重にし、2つはグラデーションと透過、1つは塗りつぶしに水の画像を使っています。

▲蛇口から出る水とコップに入った水のグラデーションが同色になるよう調整しています。

⊙ 2つのグラフを比べたい！

　下記の例では、年代が異なる2つのデータをグラフの変化で表し、その次に2つのデータを両方表示させてみました。

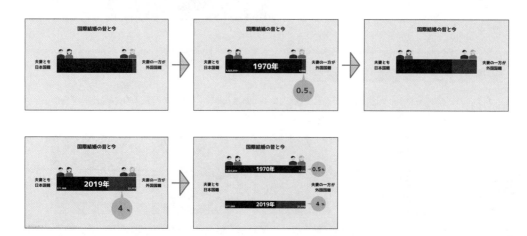

▽ 棒グラフをモチーフにしたい！

　グラフの中でも使用頻度の高い棒グラフは、インフォグラフィック化したときにアレンジしやすいという側面もあります。グラフの先端にデータに関連するオブジェクトを追加したり、グラフ自体の形を三角形などにしたりするのもおすすめです。下記の例では、グラフをカメラや映画のフィルムの形にし、「★ スライドイン（開始）」アニメーションでタイミングをずらしながら均等に配置した後、「↕ 直線（アニメーションの軌跡）」アニメーションで一気に高さを整える動きになっています。

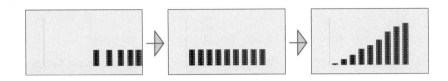

▽ イラストとグラフを連携させたい！

　イラストやイラストの一部とグラフなどのデータに使用されているオブジェクトを連携させるのは、インフォグラフィックでよく使用される手法です。「画面切り替え」の「■ 変形」を使うと、オブジェクトをかんたんに変形させることができるのでおすすめです。

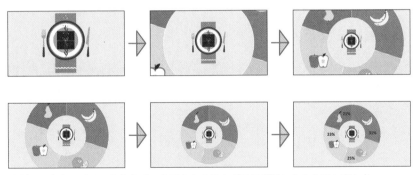

▲グラフ中央のイラストからズームアウトするとグラフが現れるようにしました。

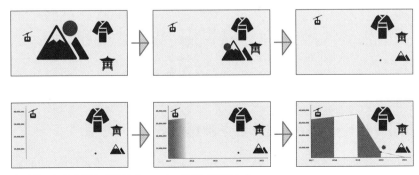

▲イラストの太陽とグラフのマーカーを紐づけました。

50 グラフを 3D にして動かしてみよう

PowerPoint のグラフ機能ではそれなりの体裁が整うものの、アニメーションやデザインの自由度は高くありません。ここでは、オブジェクトを 3D 化することで立体的に仕上げます。

🔽 使用するファイル：7-50.pptx　　🔽 作例ファイル：7-50_作例.pptx

オブジェクトを 3D 化してアニメーションをつける

1 スライドに長方形を挿入する

「挿入」タブの「🖼図形」をクリックし、「□正方形/長方形」を選択して、棒グラフの縦棒を配置します。

（練習用ファイルには、長方形オブジェクトが配置されています。）

2 オブジェクトを3D回転させる

縦棒を右クリックし、「図形の書式設定」をクリックします。「図形の書式設定」ウィンドウの「図形のオプション」で🔵（効果）をクリックして「3-D回転」を選択し、「標準スタイル」を「平行投影」の🔲（不等角投影2：左）に変更します。

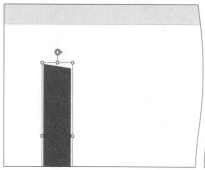
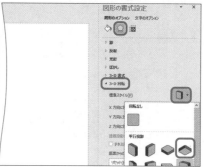

3 オブジェクトの面取り奥行きや角度などを調整する

「3-D書式」を選択して、「面取り：(上)」を🔲（丸）に変更します。「奥行き」の「サイズ」は「50pt」にします。

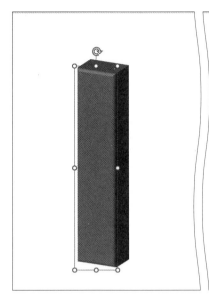

④ オブジェクトに影をつける

「影」を選択し、「標準スタイル」を「透視投影」の■（透視投影:右上）に変更します。

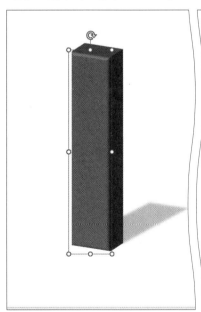

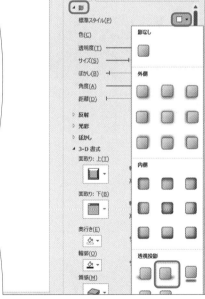

⑤ 3Dオブジェクトを複製して色やサイズを調整する

作成した3Dの縦棒を選択し、必要な分だけ複製します。各縦棒の色や大きさを調整しましょう。

⑥ テキストやアイコンを配置する

テキストボックスやアイコンなどを使って、棒グラフの項目名や値を配置します。角度も調整すると自然です。

⑦ アニメーションを適用する

作例では棒グラフの動きを「画面切り替え」の「🖼変形」、テキストやアイコンの動きを「アニメーション」で設定しました。変形用のスライドは、縦棒の「3-D回転」の「標準スタイル」を「なし」にしたスライド（2枚目）と縦棒のベースラインをそろえたスライド（1枚目）の2つを追加しています。

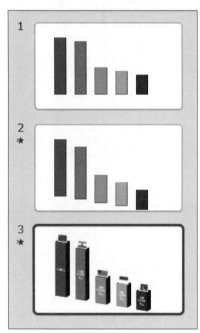

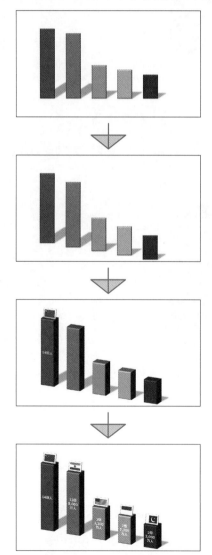

階段状の円グラフを作成するには？

　円グラフを立体化させ、系列ごとに奥行きに差を出して階段状に配置させる演出はよく使われる手法の1つです。グラフツールでは3Dの円グラフの奥行きを変更することができないので「部分円」を使います。

作例ファイル：7-COLUMN_ 作例01.pptx

階段状の円グラフを作成する

1 • 部分円で円グラフを作成する

　「挿入」タブの「図形」で「部分円」を選択し、円グラフを作成します。階段状にしたいので、割合が大きい系列が後ろ側になるように角度などを調整します。

2 • 部分円を立体化する

　部分円をすべて選択し、204ページを参考に立体化します。「奥行き」は後ろ側の系列が大きく、手前になるにつれ小さくなるようにします。立体の底面と円の中心がそろうように、位置や角度などを細かく調整しましょう。

3 • 動きを設定する

　作例では、画面切り替えの「変形」を利用して円グラフから立体に変化する動きをつけました。

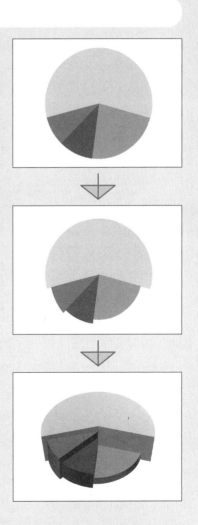

だいたい正しいグラフを作成するには？

　図形やアイコンなどを使ってインフォグラフィック風のグラフをいちから作成するのは、意外と手間がかかります。ここでは、およそではあるものの正しいグラフを作成するための3つのコツを解説します。

作例ファイル：7-COLUMN_作例02.pptx

「表」で方眼紙を作成する

　表の列と行の高さ・幅を同じにすると、簡易的な方眼紙のようになるので、ガイド代わりに使用すると、オブジェクトの大きさや位置を揃えやすくなります。表は、「挿入」タブで「表」をクリックして挿入でき、「テーブルデザイン」タブで塗りつぶしや罫線を調整できます。

　スライドに挿入しても問題ありませんが、スライドマスターに表で作成した方眼紙を挿入しておけば、方眼紙が操作ミスで動いてしまったり、マスの大きさが変わってしまったりすることを防げます。また、「ホーム」タブの「レイアウト」で使いたいときに方眼紙を呼び出せ、必要なくなったら背景をすぐに戻せることもメリットの1つです。

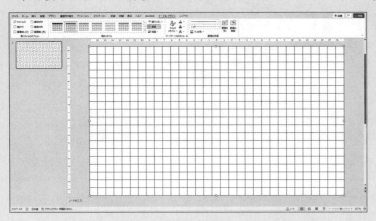

COLUMN

作例ファイル：7-COLUMN_作例02.pptx、7-COLUMN_作例02_グラフ.xlsx

ベースに Excel などで作成したグラフを使う

　ExcelやPowerPointのグラフ機能を利用して仮のグラフを作成し、オブジェクトサイズの目安にすると、だいたい正しいグラフになります。インフォグラフィックは視覚的にわかりやすいことが重要なので、かっちり数値があっていなくてもあまり問題はありませんが、ベースを作成しておくことでデータの説得力が増します。

　グラフをスライドに貼り付けるときは、数値が動いてしまったり、意図せず編集されてしまったりしないように図形化しておくと便利です。

1 • グラフを作成し、コピーする

　ExcelやPowerPointでベースとなるグラフを作成します。ベースにするだけなので、色などは初期設定などでも問題ありません。グラフタイトルや軸などのグラフ要素が必要ない場合は⊞をクリックして削除しておきましょう。グラフエリアを選択した状態で「ホーム」タブの「⧉コピー」をクリックします。

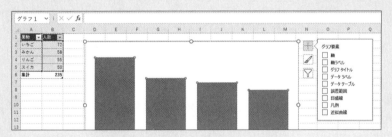

2 • PowerPoint にグラフを貼り付ける

　PowerPointで「ホーム」タブの「⧉貼り付け」の⌄をクリックし、🖼(図)をクリックすると、グラフが図として貼り付けられます。

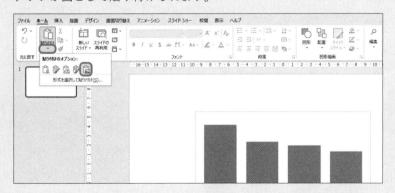

COLUMN

 作例ファイル：7-COLUMN_ 作例 02.pptx

きれいな曲線を描く

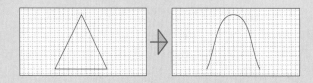

「凸頂点の編集」という機能を活用し、頂点のある図形を変形させてきれいな曲線を描く方法を紹介します。

1 • 「挿入」タブで二等辺三角形を挿入する

「挿入」タブの「🔴図形」から「△二等辺三角形」を選択します。塗りつぶしはなしにしておきましょう。三角形の大きさを調整したら、「図形の書式」タブの「図形の編集」で「凸頂点の編集」をクリックします。

2 • 三角形の下線を削除する

三角形の下線の上で右クリックし、「線分の削除」をクリックして三角形の下線を削除します。

3 • 頂点の形状を編集する

線分を削除したことで頂点の位置がずれてしまった場合は、頂点の黒い四角形をドラッグして調整します。黒い四角形をクリックすると、白い四角形が2つ表示されるので、上の頂点から伸びる白い四角形のどちらかを Shift キーを押しながらドラッグしてハンドルが水平になるように調整し、形を整えます。上の頂点のハンドルが水平で長さも同じなのに左右が非対称になってしまう場合は、下の頂点のハンドルが左右で非対称になっている可能性があるのでそちらも確認してみましょう。

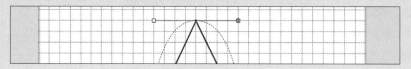

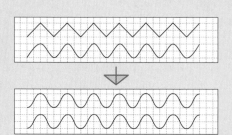

▲「フリーフォーム:図形」（上）と「曲線」（下）で作成したギザギザや波線を調整しました。

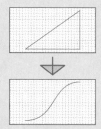

▲「△二等辺三角形」の頂点位置を変更し、2辺を削除して曲線にしました。

8

スライドを動画化しよう

スライドを動画に書き出そう

すべてのスライドを作成したら、「エクスポート」機能で動画を書き出しましょう。画質の設定やナレーションの有無、各スライドの所要時間なども細かく設定できます。

スライドからビデオを作成する

① 「エクスポート」画面を表示する

「ファイル」タブをクリックし、メニューから「エクスポート」をクリックします。

② ビデオの設定をする

エクスポートメニューの「🎞 ビデオの作成」をクリックし、下記の設定が完了したら、画面下の「🎞 ビデオの作成」をクリックします。

A　ファイルサイズ

ファイルサイズを設定します。制作のテスト段階では解像度を落としてもよいでしょう。「Ultra HD（4K）」はかなり重たくなるため、最終成果物でも「フルHD（1080p）」で十分だと思います。
使用しているパソコンの性能によっては、高解像度の動画制作時にエラーが発生することがあるようです。エラーが発生するようであれば、画質を落として制作してみましょう。

B　記録されたタイミングとナレーション

ワイプや音声を挿入した場合は「記録されたタイミングとナレーションを使用する」にします。

C　各スライドの所要時間

次のスライドに移行するスピードを設定します。この時間は何も設定をしていないスライドの場合で、アニメーションや画面切り替えで時間を設定すると、そちらが優先されます。

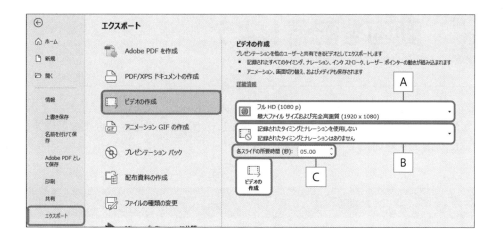

③ ファイル名と保存先を設定する

「ビデオのエクスポート」ダイアログボックスが表示されたら、動画の保存先を選択し、「ファイル名」に動画の名前を入力して「エクスポート」をクリックしましょう。

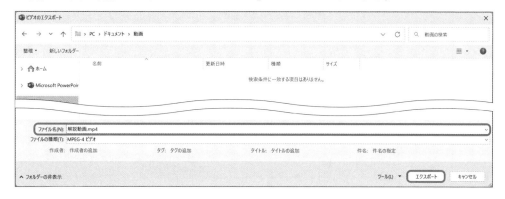

④ 動画を再生して確認する

動画のサイズにもよりますが、エクスポートが完了するまでは時間がかかります。エクスポートが完了するまではPowerPointを終了しないようにしましょう。エクスポートが完了したら、動画を再生して確認してみましょう。

52 動画を配信しよう

作成した動画は、プレゼンテーションだけで使用するのはもったいないです。より多くの人に知ってもらうために、配信サイトで動画を配信してみましょう。ここではさまざまな配信方法や、YouTube で動画を配信する方法を解説します。

さまざまな配信方法

⌄ ダウンロード方式

パソコンやスマホなどに、動画データをダウンロードして視聴してもらう配信方法です。オフラインでいつでも好きなときに見てもらえるというメリットがあり、動画ファイルを取引先に事前に送付する際などに活用できます。しかし、ダウンロードが完了しないと視聴できない点はデメリットです。また、ファイル容量も大きくなりがちなため、ファイル容量が大きな動画には向いていません。

⌄ プログレッシブ・ダウンロード方式

動画データをダウンロードしながら再生できる配信方法です。ダウンロード方式とは異なり、動画データはパソコンやスマホに一時ファイルとして保存されます。最近はHTTPストリーミング方式が主流になってきていますが、オンデマンド動画配信サービスなどで使用されていました。

⌄ ストリーミング方式

インターネットを通じて、事前に作成した動画の配信（オンデマンド配信）やライブ配信中の映像をすぐに視聴できる配信方法です。ダウンロードが不要なので、端末の容量には影響せず、動画をコピーされにくいためセキュリティにも優れています。しかし、独自のプロトコルを使用するため、視聴者に専用の再生プレイヤーをダウンロードしてもらう必要があります。また、通信状況によっては動画データの転送が追いつかず、動画がストップしてしまうことがあります。

⌄ HTTP ストリーミング方式

HTTP通信でストリーミングする方式です。ストリーミング方式と同様に、オンデマンド配信やライブ配信が可能で、動画のダウンロードが不要です。独自のプロトコルを使用しないので、専用の再生プレイヤーも必要ありません。

HTTPストリーミング方式は、YouTubeなどにも採用されています。YouTubeでの動画配信は、主に不特定多数の人へ動画を共有したいときに使用されますが、視聴者を限定して公開することもできるのでビジネスにも向いています。企業や部署のYouTubeチャンネルにプレゼンテーション動画をアップしておけば、動画データを持参したのにプレゼンテーション用のパソコンに動画再生ソフトがインストールされていなかったという場合でも、インターネットに接続さえできればWebブラウザーから動画を再生することが可能です。

YouTube チャンネルを作成する

1　チャンネルを作成する

　Webブラウザーで「YouTube」(https://www.youtube.com/) にアクセスし、「ログイン」をクリックしてGoogleアカウントでログインします。画面右上のプロフィールアイコンをクリックし、「チャンネルを作成」をクリックします。

2　チャンネルの名前とアイコンを設定する

　入力欄にチャンネルの名前を入力し、「画像をアップロード」をクリックしてチャンネルのアイコンを設定します。「チャンネルを作成」をクリックすると、チャンネルが作成されます。

動画をアップロードする

① YouTube Studioを開く

チャンネルを作成後にプロフィールアイコンをクリックし、「YouTube Studio」をクリックします。

② 動画の「作成」をクリックする

YouTube Studioが表示されたら、画面右上の「作成」→「動画をアップロード」をクリックします。

③ 動画をアップロードする

「ファイルを選択」をクリックし、動画ファイルを選択してアップロードします。画面に動画ファイルをドラッグしてもアップロード可能です。

④ 動画のタイトルや説明を入力する

以下の動画の詳細を設定し、「次へ」をクリックします。

A タイトル

動画のタイトルを入力します。必須項目になっています。

B 説明

動画の説明を入力します。このタイミングで後述するチャプター挿入作業(時間とチャプター名を入力)を行うこともできます。

C サムネイル

検索したときやチャンネルの動画一覧などに表示される動画のサムネイルを登録します。動画から切り抜くこともできますが、PowerPointや画像編集ソフトで画像を作成し、アップロードすると見栄えがよくなります。

D 再生リスト

再生リストに動画を追加する場合は設定します。関連する動画をまとめたいときに便利です。後から設定することもできます。

E 視聴者

子ども向けの動画にする場合は「はい、子ども向けです」、子ども向けでない動画は「いいえ、子ども向けではありません」を選択します。また、18歳未満のユーザーが視聴するのに相応しくない表現がある場合は「年齢制限」をクリックし、「いいえ、動画を18歳以上の視聴者向けに制限します」に変更する必要があります。

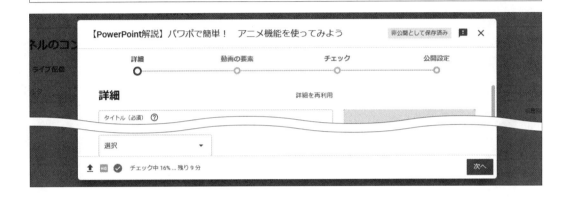

⑤ 動画の要素を設定する

終了画面の追加やカードの追加などを行います。関連動画の表示設定などができますが、必須ではありません。設定が完了したら「次へ」をクリックします。

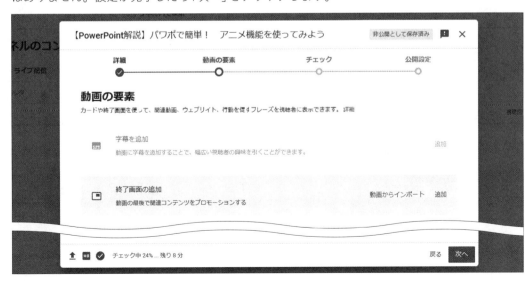

⑥ 著作権のチェックが行われる

YouTubeが著作権のチェックを行います。「問題は検出されませんでした」と表示されたら、「次へ」をクリックしましょう。

⑦ 公開設定を変更する

最後に、公開設定を行います。すぐに公開する場合は「保存または公開」、日時を指定して公開する場合は「スケジュールを設定」をクリックし、「保存」をクリックしましょう。

POINT 公開範囲

「保存または公開」を選択した場合、上図のように公開範囲も選択します。不特定多数の人に見てほしい場合は「公開」を選択しましょう。「限定公開」と「非公開」はどちらも視聴者を制限できますが、「限定公開」では動画 URL を知っていれば動画を視聴できるのに対し、「非公開」は指定した Google アカウントでログインしている人だけが動画を視聴できるという違いがあります。

動画にチャプターを挿入する

① 動画の編集画面を表示する

YouTube Studioにアクセスし、左側のメニューから「コンテンツ」をクリックします。動画の一覧からチャプターを挿入したい動画のタイトルをクリックしましょう。

② 「説明」にタイムスタンプを入力する

左側のメニューから「詳細」をクリックし、「説明」の入力欄に「0:00　オープニング」というように時間とチャプター名を入力します。このとき、全角にしてしまうとチャプターがきちんと作成されないので、必ず半角で入力しましょう。入力が完了したら、「保存」をクリックします。

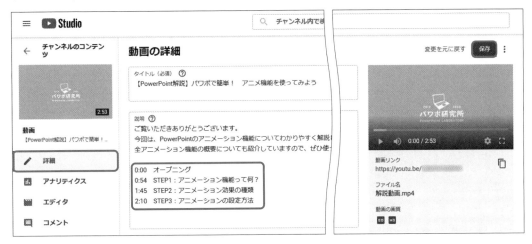

③ チャプターが挿入される

概要欄や動画のシークバーなどに、チャプターが反映されます。チャプター名をクリックすると、選択した箇所にジャンプします。

主なアニメーションと画面切り替え

主なアニメーション

アニメーション効果では、スライド内のオブジェクトを表示・非表示させたり、目立たせたり、移動させたりできます。

⌄ 開始

アイコン	名称	説明	ページ	アイコン	名称	説明	ページ

表示　フェード　スライドイン　フロートイン　スプリット　ワイプ　図形　ホイール　ランダムスト...　グローとターン　ズーム　ターン　バウンド

非表示状態のオブジェクトを出現させるアニメーションのグループです。アイコンは緑色です。

アイコン	名称	説明	ページ
★	表示	非表示状態のオブジェクトを表示させます。	▶134ページ
★	フェード	オブジェクトを徐々に表示させます。	▶36ページ
★	スライドイン	オブジェクトが指定した方向から飛び込んできます。	▶57ページ
★	フロートイン	オブジェクトが指定した方向から浮かび上がるように表示されます。	▶82ページ
★	ワイプ	オブジェクトが拭き取られるように表示されます。	▶38ページ
★	ホイール	オブジェクトの中央を基準として時計回り／反時計回りに表示されます。	▶48ページ
★	ランダムストライプ	いろいろな太さの線状で徐々にオブジェクトが表示されます。	▶82ページ
★	ズーム	小さなオブジェクトが徐々に拡大して近付いて見えます。	▶54ページ
★	ターン	縦の中心線を基準に横方向に回転しながら表示されます。	▶58ページ
★	バウンド	指定した方向からオブジェクトが弾みながら表示されます。	▶42ページ

⌄ 強調

パルス　カラーパルス　シーソー　スピン　拡大/収縮　薄く　暗く　明るく　透過性　オブジェクト...　補色　線の色　塗りつぶしの色　ブラシの色　フォントの色　下線　ボールドフラ...　太字表示　ウェーブ

表示中のオブジェクトを目立たせるアニメーションのグループです。アイコンは黄色です。アイコンに「A」などの表示があるアニメーションはテキストに適用できます。

アイコン	名称	説明	ページ
★	パルス	オブジェクトが点滅します。	▶197ページ
★	シーソー	オブジェクトが左右に揺れます。	▶43ページ
★	スピン	オブジェクトが時計回り・反時計回りに回転します。	▶69ページ
★	拡大/収縮	オブジェクトが指定したサイズに拡大・収縮してもとの大きさに戻ります。	▶125ページ
★	塗りつぶしの色	オブジェクトの色が変化します。	▶136ページ

⌄ 終了

クリア　フェード　スライドアウト　フロートアウト　スプリット　ワイプ　図形　ホイール　ランダムスト...　縮小および...　ズーム　ターン　バウンド

表示中のオブジェクトを消失させるアニメーションのグループです。アイコンは赤色です。

アイコン	名称	説明	ページ
★	フェード	オブジェクトが徐々に消えていきます。	▶117ページ
★	スライドアウト	オブジェクトが指定した方向へ消えていきます。	▶123ページ
★	ワイプ	オブジェクトが拭き取られるように消えていきます。	▶197ページ
★	ホイール	オブジェクトの中央を基準として時計回り・反時計回りに消えていきます。	▶126ページ

アニメーションの軌跡

↓ 直線	⌒ アーチ	⌐ ターン	○ 図形	∞ ループ	⌇ ユーザー設...

表示中のオブジェクトを移動させるアニメーションのグループです。

↓	直線	オブジェクトが直線のパスに沿って動きます。	▶66ページ	⌇	ユーザー設定パス	オブジェクトが自由なパスに沿って動きます。	▶112ページ

POINT 「アニメーション」タブの「☆効果のオプション」

「アニメーション」タブで、アニメーションの一覧の右側にある「☆効果のオプション」からは、アニメーションを適用する方向やどこまで連続させるかなど、アニメーションやオブジェクトに対応した追加効果を設定できます。

POINT その他のアニメーション

アニメーションの一覧にないアニメーション効果は「その他の開始（強調、終了、アニメーションの軌跡）効果」から設定することができます。また、この4つのアニメーショングループの他に、ビデオやオーディオを挿入した際に適用できる「メディア」、描画ツールで描いたインクに適用できる「インク」、3Dモデルを挿入した際に適用できる「モデルのアニメーション」や「3D」があります。

主な画面切り替え

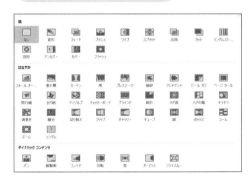

画面切り替え効果では、スライドが切り替わるタイミングでの動きを設定できます。自然に切り替えられるものから、スライド全体が1枚の紙のように動く大胆なものまで効果はさまざまです。

🖼	変形	図形やテキストを移動させたり形を変えたりしてスライドを切り替えます。	▶46ページ		⫼	ランダムストライプ	前のスライドがいろいろな太さの線状で埋まるように消え、現在のスライドが表示されます。	▶75ページ
🖼	フェード	前のスライドがフェードアウトし、現在のスライドが表示されます。	▶27ページ		✦	フラッシュ	前のスライドが明るいフラッシュの中に消え、現在のスライドが表示されます。	▶27ページ
⬆	プッシュ	現在のスライドが前のスライドを押し出します。	▶158ページ		🖼	ページカール	本のページのように前のスライドがめくれて現在のスライドが表示されます。	▶78ページ
⬅	ワイプ	前のスライドが拭き取られるように消え、現在のスライドが表示されます。	▶77ページ		▨	ディゾルブ	前のスライドが不規則な断片になって消え、現在のスライドが表示されます。	▶76ページ
⬍	スプリット	前のスライドが縦の中心線から消え、現在のスライドが表示されます。	▶83ページ					

Index

索引